U0301496

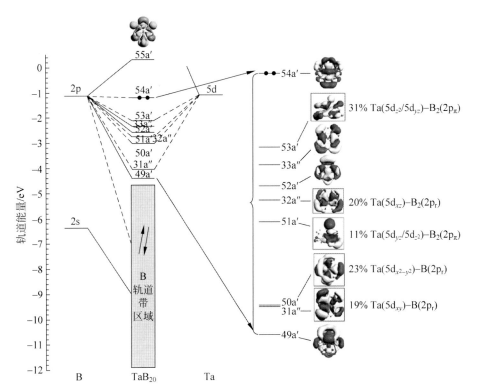

图 3.7　PBE/TZP 级别下 TaB$_{20}^-$ 异构体 1 的能级图

红色框中轨道对应 Ta 和 B$_{20}$ 相互作用

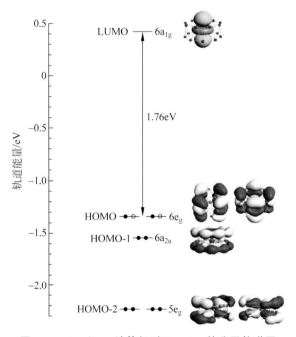

图 3.8　PBE/TZP 计算级别下 TaB$_{18}^{-}$ 的分子轨道图

其中两个空心红圈代表 HOMO 轨道需要获得额外两个电子成为闭壳层 TaB18^{3-}（$^1A_1$）团簇

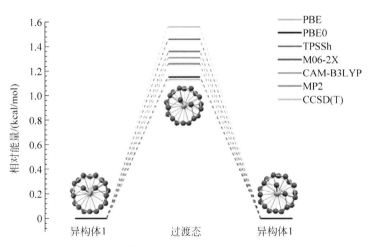

图 3.10　不同计算级别下 TaB$_{20}^{-}$ 的异构体 1 的旋转势垒

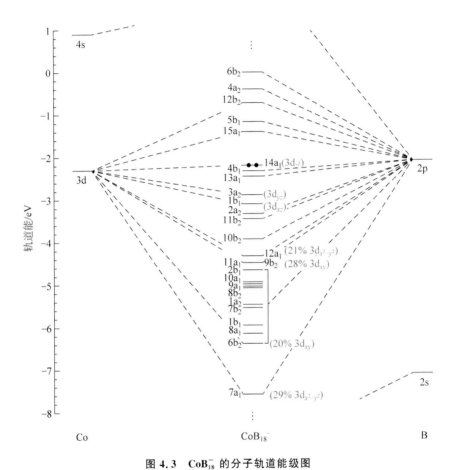

图 4.3 CoB_{18}^- 的分子轨道能级图

图中双占的 $14a_1$ 为 HOMO 轨道

$\Delta\rho_1$ ΔE_1=−205.9kcal/mol; $|\nu_1|$=1.09|e|　$\Delta\rho_2$ ΔE_2=−180.8kcal/mol; $|\nu_2|$=0.79|e|

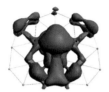
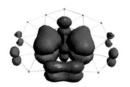

$\Delta\rho_3$ ΔE_3=−22.8kcal/mol; $|\nu_3|$=0.72|e|　$\Delta\rho_4$ ΔE_4=−21.8kcal/mol; $|\nu_4|$=0.60|e|

图 4.6　CoB_{18}^- 的电子密度形变图

等值面为 0.002 原子单位，电子从红色区域流向蓝色区域

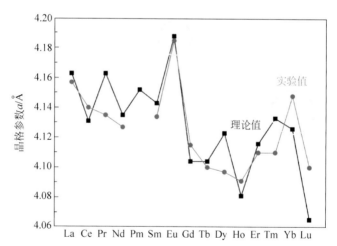

图 6.2　理论计算(黑色)和实验(红色)所得到的晶格参数 a

图中黄色圈代表两个突增的极大值 EuB_6 和 YbB_6

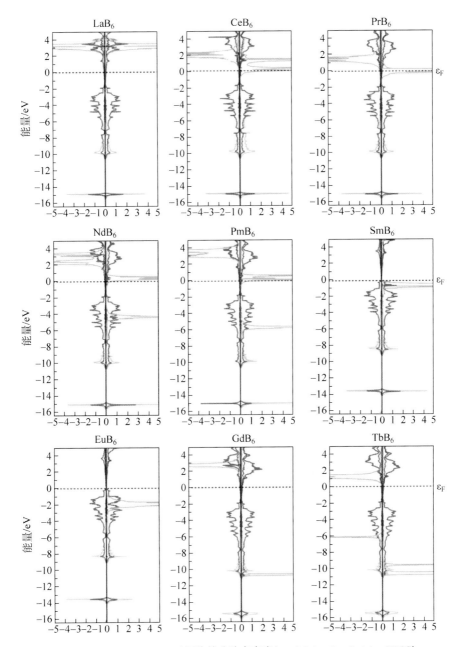

图 6.3　LnB$_6$(Ln=La~Lu)固体的分波态密度(partial density of states,PDOS)

其中绿色为 B 的 2s 轨道,红色为 B 的 2p 轨道,蓝色为 Ln 的 5d 轨道,粉色为 Ln 的 4f 轨道

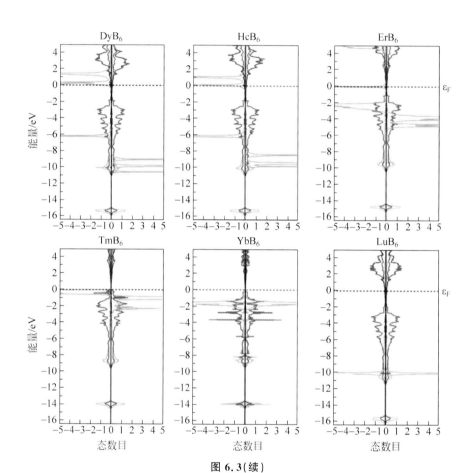

图 6.3(续)

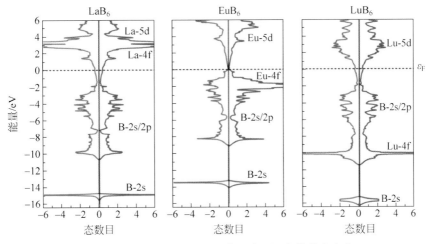

图 6.4 LaB$_6$，EuB$_6$ 和 LuB$_6$ 体系中不同自旋的态密度

蓝色代表多数自旋通道，红色代表少数自旋通道

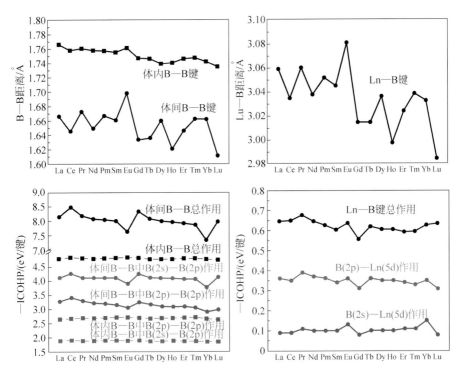

图 6.5 B—B 键、Ln—B 键距离及各类相互作用的 ICOHP 数值

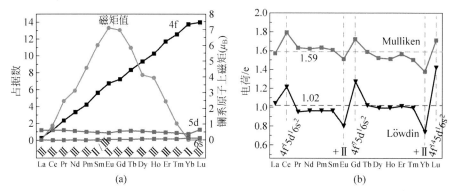

图 6.8 镧系元素 6s,5d 和 4f 上的 ONs

(a) LnB_6 (Ln=La～Lu) 中 Ln 原子各个轨道上占据数及镧系元素上的磁矩值；

(b) 通过 Mulliken 和 Löwdin 方法得到的原子电荷

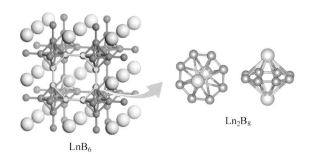

图 6.10 LnB_6 固体和 Ln_2B_8 气相化合物的结构联系图

灰颜色为 Ln 原子,红颜色为 B 原子

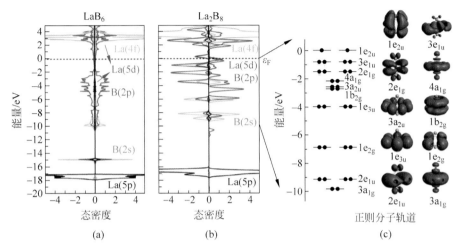

图 6.11 (a) LaB$_6$ 的 DOS 图比较;(b) La$_2$B$_8$ 的 DOS 图比较;(c) La$_2$B$_8$ 的正则分子轨道图(图中轨道的等值面为 0.03 原子单位)

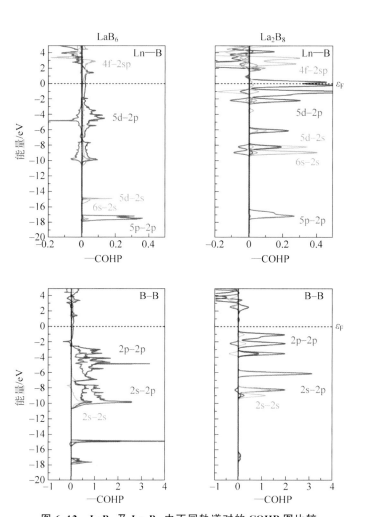

图 6.12 LaB$_6$ 及 La$_2$B$_8$ 中不同轨道对的 COHP 图比较

清华大学优秀博士学位论文丛书

金属掺杂硼团簇及其材料电子结构与成键的理论研究

李婉璐（Li Wanlu）著

Research on the Electronic Structure
and Chemical Bonding of Metal-doped Boron Clusters
and Materials

清华大学出版社
北京

内 容 简 介

本书采用理论化学计算的方法对硼团簇及其硼材料的电子结构和化学成键进行了研究,试图利用硼缺电子的特殊性,设计并分析一系列具有不同构型、被不同金属掺杂的硼团簇,进而将其扩展成具有二维或三维周期性的硼材料,此类材料将在催化、超导、磁性、压电、非线性光学等领域具有广泛应用前景。

本书可供化学或材料专业的高校和科研院所师生及从事基础理论光谱研究和新型材料设计的科研人员阅读参考。

版权所有,侵权必究。举报: 010-62782989, beiqinquan@tup.tsinghua.edu.cn。

图书在版编目(CIP)数据

金属掺杂硼团簇及其材料电子结构与成键的理论研究/李婉璐著. —北京: 清华大学出版社,2022.3

(清华大学优秀博士学位论文丛书)

ISBN 978-7-302-59276-1

Ⅰ.①金… Ⅱ.①李… Ⅲ.①硼-纳米材料-电子结构-研究 ②硼-纳米材料-化学键-研究 Ⅳ.①TB383

中国版本图书馆 CIP 数据核字(2021)第 196950 号

责任编辑: 王　倩
封面设计: 傅瑞学
责任校对: 王淑云
责任印制: 杨　艳

出版发行: 清华大学出版社
　　　网　　址: http://www.tup.com.cn, http://www.wqbook.com
　　　地　　址: 北京清华大学学研大厦 A 座　　　邮　　编: 100084
　　　社 总 机: 010-83470000　　　邮　　购: 010-62786544
　　　投稿与读者服务: 010-62776969, c-service@tup.tsinghua.edu.cn
　　　质量反馈: 010-62772015, zhiliang@tup.tsinghua.edu.cn
印 装 者: 三河市东方印刷有限公司
经　　销: 全国新华书店
开　　本: 155mm×235mm　　印　张: 9.5　　插　页: 5　　字　数: 171 千字
版　　次: 2022 年 5 月第 1 版　　　　　　　　印　次: 2022 年 5 月第 1 次印刷
定　　价: 79.00 元

产品编号: 087974-01

一流博士生教育
体现一流大学人才培养的高度（代丛书序）①

人才培养是大学的根本任务。只有培养出一流人才的高校，才能够成为世界一流大学。本科教育是培养一流人才最重要的基础，是一流大学的底色，体现了学校的传统和特色。博士生教育是学历教育的最高层次，体现出一所大学人才培养的高度，代表着一个国家的人才培养水平。清华大学正在全面推进综合改革，深化教育教学改革，探索建立完善的博士生选拔培养机制，不断提升博士生培养质量。

学术精神的培养是博士生教育的根本

学术精神是大学精神的重要组成部分，是学者与学术群体在学术活动中坚守的价值准则。大学对学术精神的追求，反映了一所大学对学术的重视、对真理的热爱和对功利性目标的摒弃。博士生教育要培养有志于追求学术的人，其根本在于学术精神的培养。

无论古今中外，博士这一称号都和学问、学术紧密联系在一起，和知识探索密切相关。我国的博士一词起源于2000多年前的战国时期，是一种学官名。博士任职者负责保管文献档案、编撰著述，须知识渊博并负有传授学问的职责。东汉学者应劭在《汉官仪》中写道："博者，通博古今；士者，辩于然否。"后来，人们逐渐把精通某种职业的专门人才称为博士。博士作为一种学位，最早产生于12世纪，最初它是加入教师行会的一种资格证书。19世纪初，德国柏林大学成立，其哲学院取代了以往神学院在大学中的地位，在大学发展的历史上首次产生了由哲学院授予的哲学博士学位，并赋予了哲学博士深层次的教育内涵，即推崇学术自由、创造新知识。哲学博士的设立标志着现代博士生教育的开端，博士则被定义为独立从事学术研究、具备创造新知识能力的人，是学术精神的传承者和光大者。

---

① 本文首发于《光明日报》，2017年12月5日。

博士生学习期间是培养学术精神最重要的阶段。博士生需要接受严谨的学术训练，开展深入的学术研究，并通过发表学术论文、参与学术活动及博士论文答辩等环节，证明自身的学术能力。更重要的是，博士生要培养学术志趣，把对学术的热爱融入生命之中，把捍卫真理作为毕生的追求。博士生更要学会如何面对干扰和诱惑，远离功利，保持安静、从容的心态。学术精神，特别是其中所蕴含的科学理性精神、学术奉献精神，不仅对博士生未来的学术事业至关重要，对博士生一生的发展都大有裨益。

独创性和批判性思维是博士生最重要的素质

博士生需要具备很多素质，包括逻辑推理、言语表达、沟通协作等，但是最重要的素质是独创性和批判性思维。

学术重视传承，但更看重突破和创新。博士生作为学术事业的后备力量，要立志于追求独创性。独创意味着独立和创造，没有独立精神，往往很难产生创造性的成果。1929年6月3日，在清华大学国学院导师王国维逝世二周年之际，国学院师生为纪念这位杰出的学者，募款修造"海宁王静安先生纪念碑"，同为国学院导师的陈寅恪先生撰写了碑铭，其中写道："先生之著述，或有时而不章；先生之学说，或有时而可商；惟此独立之精神，自由之思想，历千万祀，与天壤而同久，共三光而永光。"这是对于一位学者的极高评价。中国著名的史学家、文学家司马迁所讲的"究天人之际，通古今之变，成一家之言"也是强调要在古今贯通中形成自己独立的见解，并努力达到新的高度。博士生应该以"独立之精神、自由之思想"来要求自己，不断创造新的学术成果。

诺贝尔物理学奖获得者杨振宁先生曾在20世纪80年代初对到访纽约州立大学石溪分校的90多名中国学生、学者提出："独创性是科学工作者最重要的素质。"杨先生主张做研究的人一定要有独创的精神、独到的见解和独立研究的能力。在科技如此发达的今天，学术上的独创性变得越来越难，也愈加珍贵和重要。博士生要树立敢为天下先的志向，在独创性上下功夫，勇于挑战最前沿的科学问题。

批判性思维是一种遵循逻辑规则、不断质疑和反省的思维方式，具有批判性思维的人勇于挑战自己，敢于挑战权威。批判性思维的缺乏往往被认为是中国学生特有的弱项，也是我们在博士生培养方面存在的一个普遍问题。2001年，美国卡内基基金会开展了一项"卡内基博士生教育创新计划"，针对博士生教育进行调研，并发布了研究报告。该报告指出：在美国和欧洲,培养学生保持批判而质疑的眼光看待自己、同行和导师的观点同样非常不容易,批判性思维的培养必须成为博士生培养项目的组成部分。

对于博士生而言,批判性思维的养成要从如何面对权威开始。为了鼓励学生质疑学术权威、挑战现有学术范式,培养学生的挑战精神和创新能力,清华大学在2013年发起"巅峰对话",由学生自主邀请各学科领域具有国际影响力的学术大师与清华学生同台对话。该活动迄今已经举办了21期,先后邀请17位诺贝尔奖、3位图灵奖、1位菲尔兹奖获得者参与对话。诺贝尔化学奖得主巴里·夏普莱斯(Barry Sharpless)在2013年11月来清华参加"巅峰对话"时,对于清华学生的质疑精神印象深刻。他在接受媒体采访时谈道:"清华的学生无所畏惧,请原谅我的措辞,但他们真的很有胆量。"这是我听到的对清华学生的最高评价,博士生就应该具备这样的勇气和能力。培养批判性思维更难的一层是要有勇气不断否定自己,有一种不断超越自己的精神。爱因斯坦说:"在真理的认识方面,任何以权威自居的人,必将在上帝的嬉笑中垮台。"这句名言应该成为每一位从事学术研究的博士生的箴言。

提高博士生培养质量有赖于构建全方位的博士生教育体系

一流的博士生教育要有一流的教育理念,需要构建全方位的教育体系,把教育理念落实到博士生培养的各个环节中。

在博士生选拔方面,不能简单按考分录取,而是要侧重评价学术志趣和创新潜力。知识结构固然重要,但学术志趣和创新潜力更关键,考分不能完全反映学生的学术潜质。清华大学在经过多年试点探索的基础上,于2016年开始全面实行博士生招生"申请-审核"制,从原来的按照考试分数招收博士生,转变为按科研创新能力、专业学术潜质招收,并给予院系、学科、导师更大的自主权。《清华大学"申请-审核"制实施办法》明晰了导师和院系在考核、遴选和推荐上的权力和职责,同时确定了规范的流程及监管要求。

在博士生指导教师资格确认方面,不能论资排辈,要更看重教师的学术活力及研究工作的前沿性。博士生教育质量的提升关键在于教师,要让更多、更优秀的教师参与到博士生教育中来。清华大学从2009年开始探索将博士生导师评定权下放到各学位评定分委员会,允许评聘一部分优秀副教授担任博士生导师。近年来,学校在推进教师人事制度改革过程中,明确教研系列助理教授可以独立指导博士生,让富有创造活力的青年教师指导优秀的青年学生,师生相互促进、共同成长。

在促进博士生交流方面，要努力突破学科领域的界限，注重搭建跨学科的平台。跨学科交流是激发博士生学术创造力的重要途径，博士生要努力提升在交叉学科领域开展科研工作的能力。清华大学于2014年创办了"微沙龙"平台，同学们可以通过微信平台随时发布学术话题，寻觅学术伙伴。3年来，博士生参与和发起"微沙龙"12 000多场，参与博士生达38 000多人次。"微沙龙"促进了不同学科学生之间的思想碰撞，激发了同学们的学术志趣。清华于2002年创办了博士生论坛，论坛由同学自己组织，师生共同参与。博士生论坛持续举办了500期，开展了18 000多场学术报告，切实起到了师生互动、教学相长、学科交融、促进交流的作用。学校积极资助博士生到世界一流大学开展交流与合作研究，超过60%的博士生有海外访学经历。清华于2011年设立了发展中国家博士生项目，鼓励学生到发展中国家亲身体验和调研，在全球化背景下研究发展中国家的各类问题。

在博士学位评定方面，权力要进一步下放，学术判断应该由各领域的学者来负责。院系二级学术单位应该在评定博士论文水平上拥有更多的权力，也应担负更多的责任。清华大学从2015年开始把学位论文的评审职责授权给各学位评定分委员会，学位论文质量和学位评审过程主要由各学位分委员会进行把关，校学位委员会负责学位管理整体工作，负责制度建设和争议事项处理。

全面提高人才培养能力是建设世界一流大学的核心。博士生培养质量的提升是大学办学质量提升的重要标志。我们要高度重视、充分发挥博士生教育的战略性、引领性作用，面向世界、勇于进取，树立自信、保持特色，不断推动一流大学的人才培养迈向新的高度。

清华大学校长
2017年12月5日

丛书序二

以学术型人才培养为主的博士生教育，肩负着培养具有国际竞争力的高层次学术创新人才的重任，是国家发展战略的重要组成部分，是清华大学人才培养的重中之重。

作为首批设立研究生院的高校，清华大学自20世纪80年代初开始，立足国家和社会需要，结合校内实际情况，不断推动博士生教育改革。为了提供适宜博士生成长的学术环境，我校一方面不断地营造浓厚的学术氛围，一方面大力推动培养模式创新探索。我校从多年前就已开始运行一系列博士生培养专项基金和特色项目，激励博士生潜心学术、锐意创新，拓宽博士生的国际视野，倡导跨学科研究与交流，不断提升博士生培养质量。

博士生是最具创造力的学术研究新生力量，思维活跃，求真求实。他们在导师的指导下进入本领域研究前沿，吸取本领域最新的研究成果，拓宽人类的认知边界，不断取得创新性成果。这套优秀博士学位论文丛书，不仅是我校博士生研究工作前沿成果的体现，也是我校博士生学术精神传承和光大的体现。

这套丛书的每一篇论文均来自学校新近每年评选的校级优秀博士学位论文。为了鼓励创新，激励优秀的博士生脱颖而出，同时激励导师悉心指导，我校评选校级优秀博士学位论文已有20多年。评选出的优秀博士学位论文代表了我校各学科最优秀的博士学位论文的水平。为了传播优秀的博士学位论文成果，更好地推动学术交流与学科建设，促进博士生未来发展和成长，清华大学研究生院与清华大学出版社合作出版这些优秀的博士学位论文。

感谢清华大学出版社，悉心地为每位作者提供专业、细致的写作和出版指导，使这些博士论文以专著方式呈现在读者面前，促进了这些最新的优秀研究成果的快速广泛传播。相信本套丛书的出版可以为国内外各相关领域或交叉领域的在读研究生和科研人员提供有益的参考，为相关学科领域的发展和优秀科研成果的转化起到积极的推动作用。

感谢丛书作者的导师们。这些优秀的博士学位论文，从选题、研究到成文，离不开导师的精心指导。我校优秀的师生导学传统，成就了一项项优秀的研究成果，成就了一大批青年学者，也成就了清华的学术研究。感谢导师们为每篇论文精心撰写序言，帮助读者更好地理解论文。

感谢丛书的作者们。他们优秀的学术成果，连同鲜活的思想、创新的精神、严谨的学风，都为致力于学术研究的后来者树立了榜样。他们本着精益求精的精神，对论文进行了细致的修改完善，使之在具备科学性、前沿性的同时，更具系统性和可读性。

这套丛书涵盖清华众多学科，从论文的选题能够感受到作者们积极参与国家重大战略、社会发展问题、新兴产业创新等的研究热情，能够感受到作者们的国际视野和人文情怀。相信这些年轻作者们勇于承担学术创新重任的社会责任感能够感染和带动越来越多的博士生，将论文书写在祖国的大地上。

祝愿丛书的作者们、读者们和所有从事学术研究的同行们在未来的道路上坚持梦想，百折不挠！在服务国家、奉献社会和造福人类的事业中不断创新，做新时代的引领者。

相信每一位读者在阅读这一本本学术著作的时候，在吸取学术创新成果、享受学术之美的同时，能够将其中所蕴含的科学理性精神和学术奉献精神传播和发扬出去。

清华大学研究生院院长

2018 年 1 月 5 日

导师序言

位于元素周期表中的元素硼，其丰富的化学结构和多样的成键方式仅次于现已广泛应用的碳元素。我国硼资源丰富，硼及其化合物已经由原来的原料角色登上了材料工业的舞台，在国民经济各部门中有着广泛的应用，包括日用化工、冶金、国防、航空航天、医药等各大行业。

近来，硼团簇及其材料的研究越来越得到人们的重视。团簇的尺寸一般介于原子和宏观体系之间，因而表现出很多奇特的磁、电、光等性质，而硼以其优良的物理化学特性（低电子亲和能、高热稳定性、高拉伸强度等）成为理想的新型场发射阴极材料。同时，硼团簇一般具有良好的芳香性和周期性结构，为新型材料的设计提供了独特的思路，如硼墨烯从首次提出直至成功合成仅经历了两年时间，硼材料将具有十分广阔的发展空间和巨大的开发潜力。

该博士论文重点研究金属掺杂硼团簇及材料的有关性质。拟设计一系列不同金属掺杂的硼团簇进而将其扩展为新型金属-硼材料，从电子结构和化学成键出发深入了解体系的稳定性和化学性能。硼材料本身具有耐热、高强度等优良特性，而过渡金属一般具有多个不成对d电子，化学反应中通过调控d电子数目可以实现金属的价态改变，可将金属与硼团簇结合从而提高材料的催化性能。不仅如此，将硼材料与稀土金属结合，则有望为构筑强磁性功能材料奠定基础。

该论文在金属掺杂硼团簇和硼材料研究方面开展了创造性的工作，是一篇优秀的博士论文，创新成果及主要价值包括：①首次成功构筑了过渡金属掺杂硼纳米管状和平面状结构，丰富了硼团簇的结构多样性。②研究了双镧系元素掺杂硼团簇的几何和电子结构，特别对磁性质进行深入挖掘，在新型化学键的研究上取得了重要进展。③建立了气相化合物和固体材料在几何、电子结构和成键模式等方面的潜在联系，有望为新型材料的构建提供新的设计思路。

针对硼团簇及其材料的基础理论研究将有助于理解各类化合物的成键

机理、物理化学性质,为新型优异二维材料的合理构建、性质调控提供理论依据。同时,通过不同类别金属掺杂调控,有助于实现稳定且具有优良性能的催化剂材料。但目前很大一部分研究工作仍处于理论预测阶段,如何通过实验验证仍面临巨大挑战,这也将是未来热点研究方向之一。

李 隽

清华大学化学系

摘　要

硼化合物及其材料在化工、航空航天、材料等领域都有极其广泛的应用，如超硬材料、半导体电子器件及具有抗菌特性的生物化合物等。2015年，二维硼材料——硼墨烯的成功合成又为新型硼材料的设计和发展奠定了基础，开启了硼基平面材料的研究大门。而纯硼团簇的研究相比于碳团簇相对较少，这是由于硼元素缺电子特性导致的成键复杂性及硼团簇随尺寸的增长所表现的结构多样性。团簇大小的数量级一般在纳米范围，可表现出很强的量子效应，从而导致很多新现象的出现。因此，使用量化计算方法系统地研究一定尺寸硼团簇的结构特点和成键特性，对揭示其独特的化学成键机理和理解硼材料的特殊性能显得尤为重要。

硼的缺电子特性使硼团簇更容易被富电子金属掺杂，从而平衡电子分布、维持体系稳定性。不同的金属和具体掺杂形式丰富了体系的几何结构、电子结构和成键特点的多样性。本书构建了一系列不同金属掺杂的硼团簇结构，使用本组开发的全局最优结构搜索程序验证了热力学稳定性，采用第一性原理分子动力学手段说明了动力学稳定性，利用多种成键分析手段具体剖析了体系的电子结构，并探索其在金属掺杂硼材料的潜在应用。本书主要取得了以下三方面成果：

（1）构筑了分别类似于碳纳米管和石墨烯结构的过渡金属掺杂"硼纳米管"（MnB_{16}^-，TaB_{20}^-）和"硼墨烯"状（CoB_{18}^-，RhB_{18}^-）硼团簇，丰富了硼团簇的结构多样性。基于密度泛函和波函数方法研究了掺杂金属与硼团簇的作用机理和体系的稳定性来源。在纳米管状结构的研究中提出了管状结构芳香性的概念，并刷新了化合物配位数的新纪录。金属掺杂平面硼团簇的发现为金属掺杂硼墨烯材料的合成提供了强有力的理论基础。

（2）研究了镧系元素掺杂硼团簇（Ln_2B_8，Ln代表镧系元素）的几何和电子结构，特别对磁性质进行了深入挖掘；提出了双稀土反夹心硼化物的概念，丰富了对金属硼化合物团簇及相关固体材料电子结构的认识。通过不同类型金属掺杂不仅可以平衡硼材料的电子分布，而且有望得到具有优异磁性质、光学性质和催化性能的新型材料。

（3）建立了气相化合物（Ln_2B_8）和六硼化镧固体材料（LnB_6）在几何、电子结构和成键模式等方面的潜在联系，将固体中的几何单元抽象成稳定团簇进行研究，提供了独特的研究角度，从而有助于深入理解两类体系的稳定性，有望为新型材料的设计提供新的设计思路。

关键词：硼团簇；金属掺杂；硼材料；成键特性；电子结构

Abstract

Boron materials and boron compounds are widely used in the applications on materials, chemical industry, aerospace, medical fields, such as superhard materials, semiconductor electronic devices and biological compounds with antibacterial and antiviral properties. Boron materials demonstrate diverse structures, most of which are composed of B_{12} icosahedron, and have four different kinds of rhombic hexahedron for pure element phases. The successful synthesis of two-dimensional boron materials in 2015 has provided a foundation for the design and development of new boron materials and opened the door for the research on boron based two-dimensional materials. Compared with carbon, boron clusters are lack of investigations, which is due to the bonding complexity caused by electron deficiency of boron and the structural diversity of boron clusters with the growth of size. The order of magnitude of clusters is generally in the nanometer range, which can show strong quantum effect and lead to the emergence of many new phenomena. Therefore, it is crucial to systematically study the structural and the chemical bonding characteristics of size-specific boron clusters by quantum chemical calculations to reveal the unique bonding mechanism and understand the properties of boron materials.

Due to the electron deficiency, boron clusters are more susceptible to be doped by electron-rich metals, so as to balance the electron distribution and maintain the stability of the system. Different types of metals and specific doping forms enrich the diversity of geometric structure, electronic structure and bonding mechanism. In this book, we have constructed a series of different metal-doped boron clusters. The thermodynamic stability of the structure was verified by the global minimum search program. Based on various bonding analysis methods, the electronic structure and the chemical interaction were thoroughly studied. Then, we extend the stable unitary structure to 2D or 3D to explore the potential applications in metal-doped boron materials. Three main achievements are summarized as the following content:

(1) Analogous with carbon nanotubes and fullerenes, the transition-metal doped boron-nanotubes (MnB_{16}^-, TaB_{20}^-) and borophene-like clusters (CoB_{18}^-, RhB_{18}^-) have been fabricated, which enrich the structural diversity of boron clusters. The chemical interaction between the doped metal and boron framework and the inherent stability of the system were investigated based on density functional theory and wave functional methods. These stable clusters with high symmetry are expected to be the unitary structures for the new metal-doped boron nanomaterials.

(2) Lanthanide elements generally have 4f unpaired electrons so that can be served as the dopants into boron clusters. Single lanthanide atom doping and double lanthanide atom doping have been studied successively, which has enriched the understanding of the electronic structure of metal-boron compounds and the related solid materials. Different kinds of metal dopants can not only balance the electronic distribution of boron materials, but also be expected to improve new materials with excellent magnetic, optical and catalytic properties.

(3) It is important to establish an efficient bridge between the gas-phase compounds and solid materialfor better understanding of both systems. We have proposed a rational relationship between Ln_2B_8 and LnB_6 species on the perspectives of geometries, electronic structures and bonding patterns. It provides a unique perspective to analyze the stability for both gaseous complexes and solid-state materials.

Key words: boron clusters; metal-doping; boron materials; chemical bonding properties; electronic structure

主要符号对照表

ADE	绝热电离能（adiabatic detachment energy）
AdNDP	适应性自然密度划分（adaptive natural density partitioning）
BCH	Baker-Campbell-Hausdorff
BOMD	玻恩-奥本海默近似下的分子动力学模拟（Born-Oppenheimer molecular dynamics）
CASPT2	完全活性空间二阶微扰（complete active space second-order perturbation theory）
CASSCF	全活性空间自洽场（complete-active-space self-consitent-field）
CC	耦合簇（coupled cluster）
CCD	耦合簇双级激发（coupled cluster double）
CCSD	耦合簇单-双级激发（coupled cluster single-double）
CCSD(T)	耦合簇包含完整单-双激发及三级激发微扰（coupled cluster single-double-triple with perturbation）
CCSDT	耦合簇单-双-三级激发（coupled cluster single-double-triple）
CI	组态相互作用（configuration interaction）
CMO	正则分子轨道（canonical molecular orbital）
COHP	晶体轨道哈密顿布居分析（crystal orbital Hamilton populations）
CSF	组态函数（configuration state fuctions）
DFT	密度泛函理论（density functional theory）
DKH	Douglas-Kroll-Hess Theory
DMRG	密度矩阵重整化群（density matrix renormalization group）
DOS	态密度（density of states）
ECP	有效核芯势法（effective core potential）
EDA	能量分解（energy decomposition analyses）
ETS	扩展过渡态（extended transition state）

GGA	广义梯度近似(general gradient approximation)	
HF	Hartree-Fock	
HOMO	最高占据分子轨道(highest occupied molecular orbital)	
LCAO	原子轨道线性组合(linear combination of atomic orbitals)	
LCS	局域坐标体系(local coordinate system)	
LDA	局域密度近似(local density approximation)	
LOBSTER	通过局域轨道分析晶体电子结构(local orbital basis suite towards electronic-structure reconstructuon)	
LSDA+U	库仑修正的局域自旋密度近似(Coulomb-corrected local spin-density approximation)	
LUMO	最低空轨道(lowest unoccupied molecular orbital)	
MCSCF	多组态自洽场方法(multi-configurational self-consitent field)	
MO	分子轨道(molecular orbital)	
MP	模型势(model potential)	
MPn	多体微扰法(Møller-Plesset perturbation theory)	
NBO	自然键轨道分析(natural bonding orbital)	
NOCV	化学原子价的自然轨道(natrual orbitals for chemical valence)	
NVT	正则系综	
ONs	电子占据数(occupation numbers)	
PDOS	分波态密度(partial density of states)	
PES	光电子能谱(photoelectron spectra)	
RO	限制性开壳层(restricted open-shell)	
SAOP	统计平均的轨道势能函数(statistically averaged orbital potentials)	
SCF	自洽场(self-consistent field)	
SOMO	单占据轨道(single occupied molecular orbital)	
SR	标量相对论(scalar relativistic)	
TDDFT	含时密度泛函理论(time-dependent DFT)	
TS	过渡态(transition state)	
VDE1	第一垂直激发能(the first vertical detachment energy)	
X2C	精确二分量方法(exact 2-component)	
ZORA	狄拉克零阶校正(zeroth order regular approximation)	

目 录

第 1 章 引言 ··· 1
　1.1　选题背景 ··· 1
　1.2　硼化合物成键特点 ··· 4
　1.3　平面硼团簇及硼墨烯材料 ··· 6
　　1.3.1　B_{35}^- 和 B_{36}^- 团簇的发现及硼墨烯概念的提出 ············ 7
　　1.3.2　硼墨烯材料的成功合成 ··· 8
　1.4　金属掺杂硼团簇及其材料研究前景 ····································· 9
　1.5　团簇科学与固体材料联系的建立 ·· 10

第 2 章 基础理论与计算方法 ··· 12
　2.1　引言 ··· 12
　2.2　量子化学计算方法 ··· 12
　　2.2.1　Hartree-Fock 方法 ··· 12
　　2.2.2　考虑电子相关的波函数方法 ·· 14
　　2.2.3　密度泛函理论 ·· 18
　　2.2.4　相对论量子化学 ··· 21
　2.3　化学成键分析方法 ··· 23
　　2.3.1　适应性自然密度划分 ··· 24
　　2.3.2　EDA-NOCV 能量分解 ·· 24
　　2.3.3　晶体轨道的哈密顿布居分析 ·· 26

第 3 章 过渡金属掺杂纳米管状硼团簇结构、稳定性及光谱 ·········· 28
　3.1　引言 ··· 28
　3.2　计算方法及细节 ··· 29
　　3.2.1　最优几何构型的确定 ··· 30

3.2.2　化学键分析及芳香性判断 ………………………………… 30
　　　3.2.3　激发态和光电子能谱 …………………………………… 31
　　　3.2.4　分子动力学模拟 …………………………………………… 31
　3.3　结果与讨论 …………………………………………………………… 31
　　　3.3.1　稳定异构体的搜寻和比较 ……………………………… 31
　　　3.3.2　成键规律及稳定性分析 ………………………………… 36
　　　3.3.3　动力学稳定性 …………………………………………… 41
　　　3.3.4　电子激发态和光电子能谱 ……………………………… 43
　3.4　总结与展望 …………………………………………………………… 48

第4章　过渡金属掺杂平面硼团簇——金属掺杂硼墨烯 ……………… 49
　4.1　引言 ………………………………………………………………… 49
　4.2　计算方法及细节 …………………………………………………… 50
　4.3　结果与讨论 ………………………………………………………… 51
　　　4.3.1　CoB_{18}^-——第一个可作为金属掺杂硼墨烯单元的
　　　　　　完美平面 ………………………………………………… 51
　　　4.3.2　RhB_{18}^-：金属掺杂硼纳米管和金属掺杂硼墨烯结构
　　　　　　的竞争 …………………………………………………… 61
　4.4　总结与展望 ………………………………………………………… 70

第5章　稀土反夹心硼化物的新发现 …………………………………… 71
　5.1　引言 ………………………………………………………………… 71
　5.2　计算方法及细节 …………………………………………………… 72
　　　5.2.1　全局最稳定结构的确定 ………………………………… 72
　　　5.2.2　光电子能谱拟合 ………………………………………… 73
　　　5.2.3　化学成键及稳定性分析 ………………………………… 73
　　　5.2.4　多参考性质讨论及磁性 ………………………………… 74
　5.3　结果与讨论 ………………………………………………………… 74
　　　5.3.1　最优结构的确定 ………………………………………… 74
　　　5.3.2　反夹心化合物 Ln_2B_8 中的化学成键 …………………… 76
　　　5.3.3　电子结构及光电子能谱 ………………………………… 81
　　　5.3.4　La_2B_8 和 Pr_2B_8 的铁磁性质 ………………………… 83
　5.4　总结与展望 ………………………………………………………… 86

第6章 六硼化镧晶体化学成键规律及其与气相配合物的联系 …… 87
6.1 引言 …… 87
6.2 计算方法及细节 …… 88
  6.2.1 晶胞参数的确定 …… 89
  6.2.2 固体化学键分析方法 …… 89
  6.2.3 固体中的布居分析 …… 90
6.3 结果与讨论 …… 90
  6.3.1 LnB_6（Ln＝La～Lu）的电子结构和化学成键分析 …… 90
  6.3.2 镧系元素的氧化态 …… 98
  6.3.3 LnB_6 固体与 Ln_2B_8 气相化合物的联系 …… 100
6.4 总结与展望 …… 104

第7章 结论与展望 …… 106

参考文献 …… 108

在学期间发表的学术论文与研究成果 …… 127

致谢 …… 131

第1章 引 言

1.1 选题背景

硼化合物自古以来就广为人知,当时它大多被用来制作硬质玻璃和釉料。目前,硼化合物及其材料的应用范围涉及从硬材料、半导体到抗肿瘤药物,在化工、医疗、材料领域都发挥着举足轻重的作用。

相比于元素周期表中相邻的碳元素,硼比其少一个价电子($2s^22p^1$),此缺电子特性对硼的化学性质有很大影响。硼元素及其化合物由于其缺电子特性大多具有不同寻常的化学结构[1]。硼的缺电子特性导致其必须通过形成三角框架结构以共享电子,由此产生了多种三维硼晶型,如图1.1所示。长期以来,碳的不同类型结构被陆续发现并得到越来越广泛的应用,碳材料被列为21世纪的明星材料,如富勒烯[2]、碳纳米管[3]、石墨烯[4]等。相比于碳,对硼团簇和硼材料的研究要少很多,主要受限于实验条件、几何结构多样性及化学成键的复杂性。硼可以形成异常强的共价键,这反映在很多类硼晶型的超硬特性上[5]。事实上,由三角形网格单元构成的硼纳米管在碳纳米管被发现后不久就已经被提出[6]。然而,计算研究表明,具有六边形空位的三角形平面硼晶格相比于纳米管状结构更加稳定[7-8]。由计算科学家提出的B_{80}团簇是具有五边形空穴的富勒烯状结构[9],这不利于电子的离域分布,所以该结构相比于其他具有低对称性的核壳结构在能量上要高出许多[10-11]。综上,系统了解一定尺寸硼团簇的几何结构和化学成键规律,以及它们随尺寸的演化,是发现新型硼基纳米结构的必要基础[12-15]。

从2001年开始,光电子能谱(PES)与先进理论计算结合并被用于研究一系列硼阴离子团簇B_n^-($n=3\sim40$),以阐明其结构和电子性质及化学成键规律[12,14-15]。这些工作首次证明了38个原子以内的硼团簇具有纯平面或准平面结构。当硼团簇的尺寸小于15时,其π型轨道与碳氢共轭芳香化合物极其类似,也同样遵循休克尔芳香性规则[16]。不仅如此,B_{20}中性团

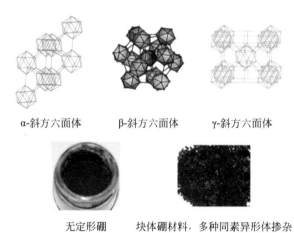

图 1.1 硼的多种同素异形体

簇的基态几何构型是管状结构,而 B_{20}^- 离子被证明是平面结构和管状结构共存[17]。因此,B_{20} 中性团簇代表了从平面到纳米管状结构转变的最小团簇。值得注意的是,平面六边形 B_{36}^- 簇的发现为单层硼的存在提供了第一个实验依据[18],单层二维硼材料被命名为硼墨烯(borophene)。此外,B_{35}^- 团簇具有两个相邻的六边形孔洞[19],双六角空缺破坏了团簇的对称性,如果将其无限延展成二维平面材料,会构造出具有不同孔密度和不同孔方向的结构,此类材料将有望形成韧性更强的硼墨烯材料。在较小尺寸下,理论和实验研究共同证明硼团簇倾向于形成平面结构。直至目前,实验上所能观测到的最大阴离子团簇 B_{40}^- 的最稳定构型也是一个平面结构[20],尽管还有一个立体的硼球烯异构体在能量上与之共存。相比之下,对于同样大小的中性团簇 B_{40},硼球烯则是最稳定的结构。

硼团簇得益于硼的缺电子特性,其结构和性质可以通过掺杂金属原子进一步调整,大大扩展了可能的硼基纳米结构的多样性。已知 B_9^- 团簇具有 D_{8h} 对称性[21],其中一个 B 原子位于中心,另外 8 个 B 原子环绕其周围,图 1.2 展示了其多中心轨道的分布情况。14 个满占的分子轨道可以局域化为 8 个外围的 B—B σ键、3 个离域的 9c-2e σ 离域键和 3 个 9c-2e π 离域键。有趣的是,后两组轨道的成键模式均可以类比于苯分子的离域 π 键分布,因此 B_9^- 团簇具有非同寻常的 σ 和 π 双重芳香性。而如果将体系中心的 B 元素换为过渡金属元素,将更加有利于体系的稳定性。

受 B_9^- 的启发,一系列 M☉B_n^- 类型团簇被相继发现,在该类芳香性

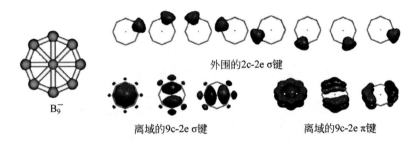

图 1.2 B_9^- 全局最优结构的多中心轨道图

金属-硼轮状分子中,中心过渡金属原子 M 位于单硼环 B_n 内($M ⓒ B_n^-$)[22],如图 1.3 所示。理解该类团簇的稳定性需要理论计算的手段深入挖掘并提出合成此类结构的普适规律。基于双重芳香性条件,体系需要($4N_\sigma+2$)个离域 σ 电子和($4N_\pi+2$)个离域 π 电子分别满足休克尔芳香性规则。因此,假设体系中心过渡金属的形式价态为 x,外围硼原子的个数为 n,团簇总体带有电荷为 k,则体系需要满足 $3n+x+k=2n+12$(n 个 B—B σ 键、3 个 nc-2e 离域 σ 键、3 个 nc-2e 离域 π 键)的电子数规则才能形成具有双重芳香性的稳定团簇。除了满足双芳香性的电子计数外,中心原子形成离域键的能力及 M 与 B_n 环之间良好的相互作用也是轮毂结构形成的必要条件。

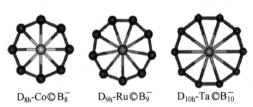

图 1.3 具有不同尺寸的车轮状金属掺杂硼团簇 $M ⓒ B_n^-$

自 2014 年硼墨烯的概念被提出以来[18],二维硼材料存在的可能性备受关注。2015 年,科学家们在惰性金属衬底 Ag(111)表面使用气相沉积的方法首次合成了单层硼墨烯[23-24]。理论计算和实验都证明了 β_{12} 和 χ_3 结构的存在,二者都具有六元环孔洞(图 1.4),主要区别在于六元环孔的不同排布情况。硼墨烯的成功合成从此打开了硼材料研究的大门,其电学性质、力学性质及结构多样性将具有广阔的研究空间。

无论是硼团簇还是硼材料,其几何结构的多样性、电子结构的复杂性和成键性质的特殊性都需要理论计算的指导和研究。一定尺寸下的硼团簇具有无数几何构型,势能面复杂且成键难以预测,再加上实验上实现的局限性

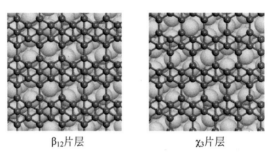

图 1.4 Ag(111)衬底上具有不同孔洞排布的硼墨烯材料

导致硼团簇的发展依赖于理论计算的前瞻性研究。本书中,试图利用硼团簇缺电子的特殊性,设计并分析一系列具有不同构型的金属掺杂硼团簇,运用不同手段理解体系的稳定性来源并总结成键规律,进而将其扩展成具有二维或三维周期性的硼材料,有望指导实验上的成功合成。此类材料将具有化学和材料科学中少见的低价态金属中心和独特的金属芳香性,有可能成为在催化、超导、磁性、压电、非线性光学材料及 Kondo 材料等方面具有广泛应用前景的一类全新的材料。

化学键是化学学科中一项重要的基本概念,根据形状可划分为 σ,π,δ 等类型成键;根据成键形式及强度可分为共价键、配位键、弱相互作用等;根据轨道组成和分布又可分为 Lewis 二中心键、离域键等,且由此衍生出了芳香性的概念。本课题研究的硼团簇大多具有独特的离域键型,而金属的 d 或 f 轨道与周围配体成键形式多种多样,因此金属与硼团簇的成键模式将丰富化学成键机理,有望为解释体系稳定性、设计金属-硼配合物体系、扩展新颖化学键类型等做出建设性贡献。

1.2　硼化合物成键特点

硼化合物在发展化学键模型中起着至关重要的作用。在此,先简要介绍当代硼化学发展史上的几个里程碑。1912 年,Stock 报道了他们在硼烷方面的开创性工作[25-26],如 B_2H_6,B_4H_{10},B_5H_9,B_5H_{11} 和 B_6H_{10} 等硼的氢化物体系。这些化合物具有毒性,且是对空气和水较为敏感的气体或易挥发的液体。虽然硼烷的结构在那时已经确定,但它们内部的化学键仍然不清楚,因为其中硼的化学计量与价电子理论的假设相矛盾,就连 BH_3 迅速二聚成 B_2H_6 的原因也令人费解。具有桥接 H 原子的 B_2H_6 的结构在

1921 年由 Dilthey 提出[27],然而,直到 20 世纪 40 年代,红外光谱数据才证实了这种结构[28-30]。随后,电子衍射[31]和低温 X 射线衍射[32]也先后证实了二硼烷的桥接结构。硼烷中的化学键首先由 Pitzer 提出,他提出了"质子化双键"的概念[33]。

此外,Lipscomb 等人提出了三中心二电子(3c-2e)成键的概念[34],在 B_2H_6 中,它由两个包含桥接氢原子的 3c-2e 的 B—H—B 键组成。Lipscomb 解释了所有已知硼氢化物的结构,其中桥接的 B—H—B 键是最关键的结构单元。在 3c-2e 键中,每个原子上提供一个轨道,这三个原子轨道相互作用形成一个成键、一个非键和一个反键轨道。两个可用的电子可以填满成键轨道,形成一个 3c-2e 键。在 n 个原子中,有 n 个原子轨道,只有 $n/3$ 个成键分子轨道,可以被 $2n/3$ 个电子占据,从而阐明了某些硼烷具有特殊稳定性的原因。Lipscomb 关于 3c-2e 键及芳香性的概念更加清晰地描述了电子缺陷键合的一种方式。Lipscomb 对硼烷化学键的研究最终使他获得了诺贝尔奖,并为理解硼化学打开了大门。

不同于相邻元素碳,硼元素具有独特的缺电子特性,使之更易于形成多中心离域键或孔洞结构,从而平衡体系的电子分布[15]。我们多采用 Zubarev 和 Boldyrev 等人开发的 AdNDP 程序来分析共轭体系的离域键,给出平面硼团簇和多环芳烃最直观的化学图像。硼和碳元素虽然只差一个价电子,但二者的轨道半径分布和轨道能级高低具有很大的差异,如图 1.5 所示。硼的 2s 和 2p 轨道更加弥散,从而更加有利于与其他元素价轨道发

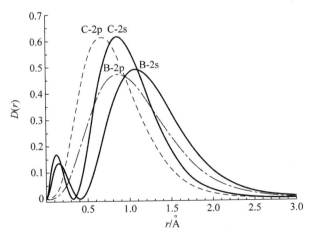

图 1.5 B 和 C 的 2s,2p 轨道径向分布函数

生有效重叠形成化学键。图 1.6 展示了硼和碳价轨道的轨道能级,由图可知硼元素中 2s 与 2p 轨道重叠明显,因此在形成化合物时,硼的杂化现象更加严重,相比于碳来说会形成更加独特的化学成键。

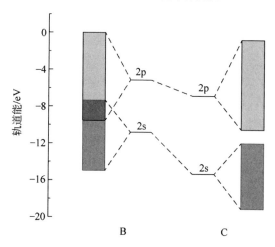

图 1.6　B 和 C 的 2s 和 2p 轨道的能级分布图

1.3　平面硼团簇及硼墨烯材料

图 1.7 总结了已被证实真实存在的 B_n^- ($n=3\sim30,35\sim38$) 全局最小结构。从 2002 年第一个硼团簇 B_5^- 的研究[35]直至最近 B_{37}^- 和 B_{38}^- 光谱的成功解决[36],跨越了近 15 年的时间。研究硼团簇的主要手段是理论计算与光电子能谱相结合,采用一系列理论化学分析手段深入研究团簇的内部成键规律。图 1.7 中的结构均为具有最低能量的硼阴离子团簇,在某些情况下,存在能量相当的同分异构体,两者可以在有限温度下共存。例如,大多数的团簇平面二维结构最稳定,但是在 B_{28}^- 和 B_{29}^- 中有少量的三维硼球烯(borospherene)同分异构体与之共存[37-39]。值得注意的是,图 1.7 中的一些二维结构是存在轻微变形的准平面结构。例如,在 B_{12}^- 和 B_7^- 碗状结构中[40],弯折是由于外围 B—B 键要强于内部 B—B 键,造成内部应力,使得原子朝面外轻微翘曲。这一解释得到了进一步的证实:如果用一个有更大半径的具有等价电子数的铝元素取代外围的硼原子,如 AlB_6^- 和 AlB_{11}^- 团簇,结果发现体系会因为释放应力而成为完美平面结构[41]。

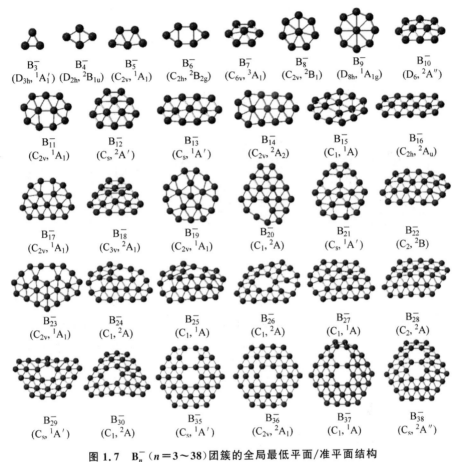

图 1.7 B_n^- ($n=3\sim38$)团簇的全局最低平面/准平面结构

1.3.1 B_{35}^- 和 B_{36}^- 团簇的发现及硼墨烯概念的提出

硼由于缺电子而不能形成类似石墨烯的密铺六角形层,而是由 B_3 三角形单元沿不同方向延伸所构成[6,42]。然而,如果形成类似石墨烯的二维硼材料,这种三角晶格的电子含量过高会导致平面外的畸变。大量的计算研究结果表明二维硼层在无限延伸的过程中会出现波纹状形貌[43-46],具有周期性六角形空位的三角形晶格确实是平面的,比紧密填充的三角形晶格稳定得多。2014 年,理论计算与实验光谱研究表明,B_{36}^- 簇是具有 C_{2v} 对称性(相比于 C_{6v} 有轻微变形)和六元孔洞的六边形准平面结构[18],而中性 B_{36} 表现出 C_{6v} 对称性。在 B_{36} 簇中发现的六边形空位让人想起预测的二维硼片中的六边形孔洞[7-8]。基于 B_{36} 团簇衍生出的二维结构(图1.8(a))具有六边形孔密度 $\eta=1/27$(每27个三角形格子形成一个空缺)。因此,与石墨烯中的六边形 C_6 基元类似,六边形 B_{36} 簇可视为具有六边形空位的硼单层材料的重复基元。因此,B_{36} 簇为二维硼材料的可行性提供了间接证据。"borophene"(硼墨烯)这个名字是为了将这类新型硼纳米结构与石墨烯材料进行类比而创造得名的。

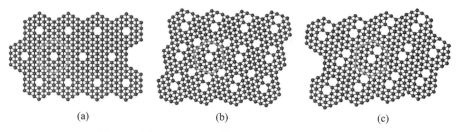

图 1.8 以 B_{36} 和 B_{35} 为基础结构单元的硼墨烯材料

B_{35}^- 与 B_{36}^- 相似的光电子能谱特征表明 B_{35}^- 结构可能与 B_{36}^- 类似。全局最优结构搜索确定了 B_{35}^- 的最稳定结构是具有准平面特征的六角双空位六边形结构(图1.7)[19]。结果表明,六边形的 B_{35} 簇可以作为一种更加灵活的结构单元来构建柔性硼墨烯(图1.8(b)和(c))。B_{35} 的其他可能排列形式也可能形成不同孔型和密度的硼墨烯,其中许多已经被理论计算模拟和预测[47-48]。

1.3.2 硼墨烯材料的成功合成

硼在任何同素异形体中都不存在层状结构,因此硼墨烯的实验合成必须依赖于在惰性底物上的成核和生长,而且需要在真空环境或惰性气体中以避免新生的硼墨烯材料的氧化反应。因此,对硼墨烯的研究最初只停留在理论计算水平上[47,49-50]。Yakobson课题组从计算水平上预测了银或铜基板上生长的硼墨烯材料,类似于图1.8(c)展示的 β_{12} 型结构,被认为是最稳定构型[47]。令人欣喜的是,硼墨烯材料近年来在实验合成方面取得了重大进展。2015—2016年,中美科学家几乎同时在惰性银(111)表面上生长出了硼墨烯材料,并用扫描隧道显微镜和透射电子显微镜对其结构进行了表征[23-24]。但是,即使使用这些高分辨率的方法,原子结构也没有得到完全的解决,模拟图像和实验对比表明,合成的硼墨烯具有波纹三角形晶格。

随后的实验和理论研究均表明在Ag(111)表面生长出的硼墨烯可能表

现出 β_{12} 和 χ_3 结构,但无论是哪种构象,材料均趋向于形成六角孔洞[47,51-52]。这些结论与前期的理论计算高度一致,即无论是独立二维硼材料还是在银基上生长的硼墨烯,具有六边形空位的结构都比具有紧密填充和波纹三角形晶格的硼材料更稳定。硼墨烯原子排列的波纹结构是由基体的表面形貌决定的,表明其具有增强机械柔韧性的潜力。硼墨烯是一类具有许多有趣的潜在性质的新型二维材料,有望合成具有理想的机械强度[53-56]、良好弹性和相对高温的超导体[57-59]。

1.4 金属掺杂硼团簇及其材料研究前景

不同于碳元素及其材料,硼具有显著的缺电子特性,而金属元素可以作为电子给体以平衡电子分布,因此硼基团簇乃至硼材料可以一定程度地被金属元素掺杂。用金属原子掺杂硼团簇提供了一种扩展硼纳米结构的方法。硼的电子缺陷意味着它的团簇更容易受到金属掺杂的影响,这可能会导致新的结构、成键和可调性质。近些年来,大量学者通过理论计算和光谱实验研究了过渡金属团簇作为中心的平面轮状结构(M©B_n^-,$n=8\sim10$)[12,22],增加了硼团簇的结构多样性,同时金属与硼的独特化学成键丰富了成键机理并扩展了芳香性。而2015年CoB_{16}^-的成功合成和表征也为硼纳米管提供了实现的可能性[60]。

众所周知,碳可以形成一维碳纳米管、二维石墨烯和三维富勒烯等多种同素异形体,但人们对硼的研究一直相对较少。我们类比碳元素,也针对硼纳米管、硼墨烯、硼球烯等构型展开了一系列研究。如上所述,当硼团簇尺寸较小时($n<39$),体系更倾向于形成平面或准平面结构,且B_{35}和B_{36}的发现为二维硼墨烯材料的实现提供了强有力的基础依据。而截至目前,纯硼团簇由于卷曲会破坏电子离域特性,很少会形成多层管状结构。而硼多种形貌的几何构型恰可以通过掺杂金属来实现,如CoB_{16}^-中Co与周围B原子的相互作用使得硼团簇可以形成稳定的纳米管结构。不仅如此,金属的掺杂还会为体系带来独特的成键特性、发光和优异的磁性能。

本书拟通过理论计算设计一系列含有不同种类金属掺杂的硼团簇,通过研究其内在电子结构及化学成键规律来解释稳定性来源及其特定的物理化学性质,并以此来指导实验上的成功合成。利用过渡金属、镧系元素、锕系元素研究不同种类元素在硼团簇中的掺杂,拓宽化学键类型和成键模式。将研究的体系按照形貌的不同分为半夹心结构、金属位于中心的纳米管状结构、金属掺杂的硼墨烯平面/准平面结构及金属位于内部的三维硼球烯结构。不仅如此,金属的存在使得体系的计算复杂性显著提升,特别是 4f/5f 掺杂的体系,相对论效应和电子相关会显著增强,这给理论计算方法造成了不小的挑战。因此,合理选择计算方法和模型对研究此类体系也十分重要。进一步地,以稳定高对称性的团簇为周期性单元,试图沿不同维度进行扩展,从计算上预测新型稳定的纳米金属-硼材料。此研究在结构上拓展了硼团簇的结构多样性,使互相孤立的硼原子通过中心金属连接起来,并且还可以将团簇结构作为潜在单元体,用于构筑二维或三维金属-硼材料。在功能应用上,金属掺杂可以提高材料的单原子催化性能、提高催化效率,同时由于金属独特的磁学性质,有望研制出具有优良磁性能的新型功能性材料。

特别地,镧系锕系材料在发光、磁性质及电子功能材料中具有广泛应用[61],而该类材料中价电子数目多,f 轨道收缩且自旋极化严重,造成其成键规律较为复杂[62-63]。而硼由于其独特的缺电子特性表现出丰富的结构和功能多样性。硼-硼的共价键具有很高强度,因此硼多为超硬材料的主要组成成分。硼多样的成键能力(如多中心离域键)促使硼可以作为基础与其他元素作用来合成具有新颖物理化学性质的新型纳米材料。除此以外,如若用过渡金属与镧系锕系硼化物材料掺杂,材料的磁学性质会大幅提高,如钕铁硼材料等[64]。

1.5 团簇科学与固体材料联系的建立

化学键是化学基础科学中最重要且最本质的概念,它可以从电子结构理论出发对体系的稳定性作出合理定量的解释[65-66]。小分子团簇及配合物的成键分析在各个领域大放异彩,然而在周期性固体或表面体系的电子结构和成键性质的研究中相对较少。固体的电子结构分析多从物理角度出发,如态密度、能带理论等,缺乏一些直观的化学成键图像。而这恰恰对理解体系的稳定性和反应过程中化学键的断裂与生成具有非常重要的意义。另外,为了构建气相团簇和固体材料在几何结构和电子结构上的内在联系,本书将利用多种固体电子结构分析手段着重分析镧系硼化物的内在化学相互作用,力图挖掘此类材料内的作用机理,对固体的成键形式做更加透彻的理解,通过了解 4f 不成对电子的分布情况,为具有更高稳定性、良好磁性和发光材料的合理设计奠定理论基础。

1983 年,Hoffmann 等人提出了钼硫化合物与 Cheverel 相材料的电子结构联系[67],他们从孤立化合物中的分子轨道扩展到固体材料中的态密度、能带图,深入透彻地分析了 Mo—S 键的相互作用机理(图 1.9),为理解两类体系的稳定性提出了建设性理论。Dronskowski课题组系统地将轨道和化学成键的概念引入周期性材料体系[68],并建立了固体体系中对哈密顿量分布进行布局分析的方法——晶体轨道哈密顿布居(crystal orbital Hamilton populations, COHP)方法[69],开发了著名的通过局域轨道分析晶体电子结构(local orbital basis suite towards electronic-structure reconstructuon, LOBSTER)的化学键分析程序[70]。事实上,很多有序的周期性晶体结构单元都可以与孤立团簇联系起来,无论在几何结构、磁性、成键方式、电子结构上都会有一定程度的联系。特别是在研究异相催化反应过程中,大多将周期性体系抠挖出可以反映催化剂环境特征的部分[71-72],以团簇的方式研究反应中成键、反键和化学反应的推动力。建立团簇科学和固体材料的内在联系,有助于更加深入挖掘体系内部的本质特征,进而从更加微观的层面上、从化学的角度上透彻理解宏观材料所表现出的独特性能。

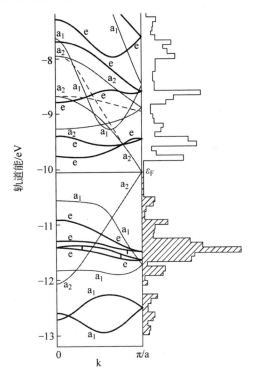

图1.9 $(Mo_6S_6^{2-})_\infty$链的态密度和能带图与分子轨道的联系

第 2 章 基础理论与计算方法

2.1 引　　言

量子化学在阐述化学成键本质、研究化学反应规律及动力学行为方面具有日益广泛的应用。一般认为,量子化学的诞生是从 1926 年薛定谔方程的提出及其在氢原子上的运用开始。同年,爱因斯坦根据普朗克的量子假设认为光本身由单个量子粒子组成,后来被称为光子。然而,1927 年的 Walter Heitler 和 Fritz London 首次将薛定谔方程应用于双原子氢分子,从而更透彻微观地理解化学键特性,这可作为量子化学史上的第一个里程碑。在接下来的几年中,这种理论基础慢慢开始应用于化学结构、反应性和键合,Linus Pauling 在此领域做出了巨大的贡献。

从 20 世纪 50 年代至今,无论在理论计算方法、计算机性能还是在实际计算体系的尺度上,量子化学发展都有了日新月异的变化。目前,理论与计算化学在物理、化学、计算机等学科中都具有举足轻重的地位,突破了化学仅以实验科学为中心的局限。量子化学领域的成就先后多次获得诺贝尔奖,如 1998 年表彰 Kohn 和 Pope 教授在密度泛函理论做出的杰出贡献;2013 年诺贝尔化学奖授予了 Martin Karplus,Areih Warshel 和 Michael Levitt 三位美国科学家,强调了多尺度大规模计算复杂体系的重要性。

本书涉及的量化计算主要分为两大类:以 Hartree-Fock 为基础的波函数方法和密度泛函理论。同时,在重元素体系中会有很强的相对论效应存在,因此,如何引入相对论效应的校正也是我们关心的问题之一。下面将围绕本书涉及的理论计算原理、方法和使用的相关软件加以介绍。

2.2 量子化学计算方法

2.2.1 Hartree-Fock 方法

Hartree-Fock 方法是对静态量子多体问题的能量和波函数求解的一

种有效近似。通常来讲,当粒子为费米子时,N 体波函数可以通过 N 个自旋轨道的单 Slater 行列式描述。利用数学变分方法,采用 Hartree-Fock 方法可以推导出含有 N 个自旋轨道的耦合方程,从而得到体系的总能量和波函数。

Hartree-Fock 方法中主要用到了以下五个近似:

(1) 玻恩-奥本海默近似,也叫核与电子运动分离近似,即体系的总波函数可表示为核运动波函数和电子运动两部分的乘积。

(2) 非相对论近似,即电子的质量可以视为常数。

(3) 变分所得解 ψ_i 可表示为有限数量基函数线性组合(linear combination of atomic orbitals, LCAO)。通常,基函数 ϕ_μ 为正交性基集,如式(2-1)所示。

$$\psi_i = \sum_{\mu=1}^{K} C_{\mu i} \phi_\mu \tag{2-1}$$

(4) 能量本征函数可由单 Slater 行列式描述。为了满足波函数的交换对称性,Fock 提出了使用 Slater 型的行列式来描述整个体系的波函数。该单 Slater 行列式是单电子波函数(轨道)的反对称化乘积,具有交换反对称性并满足泡利(Pauli)不相容原理,其通式如式(2-2)所示。

$$\Psi(\boldsymbol{x}_1, \boldsymbol{x}_2, \cdots, \boldsymbol{x}_N) = \frac{1}{\sqrt{N!}} \begin{vmatrix} \psi_1(1) & \psi_2(1) & \cdots & \psi_N(1) \\ \psi_1(2) & \psi_2(2) & \cdots & \psi_N(2) \\ \vdots & \vdots & & \vdots \\ \psi_1(N) & \psi_2(N) & \cdots & \psi_N(N) \end{vmatrix} \tag{2-2}$$

其中,$\boldsymbol{x}_1 = (x_k, y_k, z_k, m_{sk})$ 为电子 k 的坐标和自旋空间的四维坐标,行列式中行号代表不同电子,列号代表不同轨道。

(5) 平均场近似。指某一电子可以看作处在由其他电子所构成的有效势场中运动,因此体系可以被简化为单体问题。该近似考虑了"电子相关"中所涉及的费米相关,即电子交换的结果。

基于 Hartree-Fock 近似,多电子体系的总能量平均值 E 可以写为哈密顿算符 $\hat{H}$ 作用在 Fock 波函数上的平均值,表达式如式(2-3)所示。

$$\hat{H} = -\frac{1}{2} \sum_i \nabla^2 r_i + \sum_i V(r_i) + \frac{1}{2} \sum_{i \neq j} \frac{1}{|r_i - r_j|} \tag{2-3}$$

因此,能量 E 可以写为

$$E = \langle \phi | \hat{H} | \phi \rangle = \sum_i \int \varphi_i^*(q_1) \hat{H} \varphi_i(q_1) \mathrm{d}r_1 +$$

$$\frac{1}{2} \sum_{i \neq j} \iint \frac{|\varphi_i(q_1)|^2 \cdot |\varphi_j(q_2)|^2}{|r_1 - r_2|} \mathrm{d}r_1 \mathrm{d}r_2 -$$

$$\frac{1}{2} \sum_{i \neq j} \iint \frac{\varphi_i^*(q_1) \varphi_j^*(q_2) \varphi_i(q_2) \varphi_j(q_1)}{|r_1 - r_2|} \mathrm{d}r_1 \mathrm{d}r_2 \quad (2\text{-}4)$$

其中,第一项对应单电子算符的本征能量,第二项为电子-电子的库仑作用能,第三项则是在多电子体系中波函数交换反对称性产生的电子相关能。根据变分原理,由单电子波函数 φ_i 构成的总体分子波函数在最优情况下具有体系能量的极小值。因此对 E 做 φ_i 的变分处理可以得到 Hartree-Fock 方程:

$$\left[-\frac{1}{2} \nabla^2 + V(r) \right] \varphi_i(r) + \sum_{j \neq i} \int \frac{|\varphi_j(r')|^2}{|r - r'|} \varphi_i(r) \mathrm{d}r' -$$

$$\sum_{j \neq i, \|} \int \frac{\varphi_j^*(r') \varphi_i(r')}{|r - r'|} \varphi_j(r) \mathrm{d}r' = E_i \varphi_i(r) \quad (2\text{-}5)$$

其中,第一项为电子动能和电子与原子核的势能,第二项对应电子与电子之间的库仑作用,第三项即同一自旋方向的(用 ∥ 表示)不同电子之间的交换能。

2.2.2 考虑电子相关的波函数方法

在 Hartree-Fock 近似下,波函数的反对称性通过单 Slater 行列式描述。然而在实际情况下,单 Slater 行列式并没有考虑体系的库仑相关能。Hartree-Fock 能量和在玻恩-奥本海默近似下体系的精确能量的差值称为相关能[73-74]。事实上,HF 近似中已经考虑了一定量的具有平行自旋的电子交换相关性(如 2.2.1 节所述),这类相关性描述了空间中同一位置处不会出现两个自旋平行的电子,通常称之为费米相关。另一方面,库仑相关性描述了电子的库仑排斥作用引发的电子空间位置的相关性。

电子相关分为动态相关和静态相关。前者描述的是电子运动的相关性,常用的方法有多体微扰法(Møller-Plesset perturbation theory,MPn)、组态相互作用(configuration interaction,CI)方法、耦合簇(coupled cluster,CC)方法等。静态相关是指分子的基态需要用多个 Slater 行列式才能正确描述体系的性质,常用的方法有多组态自洽场(multi-configurational self-consitent field,MCSCF)方法等。

1. 耦合簇方法

耦合簇方法是处理多体系统的数值计算方法。它不仅仅是考虑电子动态相关能的从头算量化计算方法,而且最初在核物理问题中具有广泛应用。这一方法在基本的 Hartree-Fock 轨道上使用一系列指数类算子构造多电子波函数以阐释电子的动态相关。在计算中小型体系时,该方法被称为"黄金标准"。

耦合簇理论中,波函数可以写成以基函数 $|\psi_0\rangle$ 展开的以下指数形式:

$$|\psi_{CC}\rangle = e^{\hat{T}}|\psi_0\rangle = \left(1 + \hat{T} + \frac{\hat{T}^2}{2!} + \frac{\hat{T}^3}{3!} + \cdots\right)|\psi_0\rangle \tag{2-6}$$

将式(2-6)代入本征方程 $\hat{H}|\psi\rangle = E|\psi\rangle$ 中,并将基态和激发态的行列式分别左乘整个空间的积分值,则得到了体系的总能量(式(2-7))和振幅方程(式(2-8)):

$$\langle \psi_0 | e^{-\hat{T}} \hat{H} e^{\hat{T}} | \psi_0 \rangle = E \tag{2-7}$$

$$\langle \psi_{ij\cdots}^{ab\cdots} | e^{-\hat{T}} \hat{H} e^{\hat{T}} | \psi_0 \rangle = 0 \tag{2-8}$$

其中,$\hat{T}$ 为激发算符,表示为 $\hat{T} = \hat{T}_1 + \hat{T}_2 + \hat{T}_3 + \cdots$,且 $\hat{T}_1|\psi_0\rangle = \sum_{i,a} t_i^a \phi_i^a$,$\hat{T}_2|\psi_0\rangle = \sum_{\substack{i>j \\ a>b}} t_{ij}^{ab} \phi_{ij}^{ab}$,$\hat{T}_2^2|\psi_0\rangle = \sum_{\substack{i>j \\ a>b}} \sum_{\substack{k>l \\ c>d}} t_{ij}^{ab} t_{kl}^{cd} \phi_{ijkl}^{abcd}$。

当激发算符只包含 $\hat{T}_2$ 时,相应的耦合簇方法为耦合簇双级激发(coupled cluster double, CCD)方法;如果既包含 $\hat{T}_1$ 也包含 $\hat{T}_2$ 算符,为耦合簇单-双级激发(coupled cluster single-double, CCSD)方法;在此基础上如果再加上 $\hat{T}_3$ 三激发算符,则为耦合簇单-双-三级激发(coupled cluster single-double-triple, CCSDT)方法。而 CCSD(T)将 CC 方法和微扰理论良好地结合起来,将计算量很大的三激发使用微扰的办法近似处理,在没有显著的多参考体系中既可以节省计算量又可以得到相对准确的结果。

2. 多组态自洽场方法

多组态自洽场方法是在单个电子构型不再能充分描述体系实际电子结构时采用的一种通用方法。特别是在断键和成键的化学反应、自由基、3d 过渡金属、镧系锕系等强相关的体系中具有广泛应用。在该方法中,以 CI

系数展开的形式将波函数写成 Slater 行列式(或组态函数(configuration state fuctions,CSF))的线性组合,CI 系数通过变分法求得。多组态自洽场方法得到的轨道不像 Hartree-Fock 理论中那样是单个 Slater 行列式能量最小的轨道,而是 MCSCF 波函数能量最小的轨道。

MCSCF 的波函数可以写成

$$\psi_{\text{MCSCF}} = \sum_I^{\text{CI}} c_I \Phi_I \tag{2-9}$$

其中,Φ_I 代表每一个单独的 Slater 行列式。Roos 等人提出如果将这些行列式的选择范围指定在给定的"活性"轨道范围内[75],就得到了完全活性空间自洽场(complete-active-space self-consitent-field,CASSCF)方法。在此方法中,只需人为指定活性空间而不必指定确切电子构型,且相比于 MCSCF 更快、更易收敛。这里将简要介绍本书中使用的 CASSCF 方法。

体系的波函数可以写为

$$|0'\rangle = \sum_m e^K |m\rangle C_m \tag{2-10}$$

其中,K 是反对称轨道旋转矩阵,C_m 为组态系数。可以定义投影算符 $S = |S\rangle\langle 0| - |0\rangle\langle S| = \sum_{n\neq 0} p_n(|n\rangle\langle 0| - |0\rangle\langle n|) = \sum_{n\neq 0} p_n P_n$,将波函数写为以下更为简单的形式:

$$|0'\rangle = e^K e^S |0\rangle \tag{2-11}$$

对任意算符 $\hat{A}$,$\hat{B}$,均可使用 BCH 方法展开成以下表达式:

$$e^{-\hat{A}} \hat{B} e^{\hat{A}} = B + [\hat{B},\hat{A}] + \frac{1}{2}[[\hat{B},\hat{A}],\hat{A}] + \cdots \tag{2-12}$$

利用上述 BCH 方法展开后可得 CASSCF 的能量表达式:

$$E(K,P) = \Big\langle 0 \Big| H + [H,S] + \frac{1}{2}[[H,S],S] + L + [H,K] + \\ [[H,K],S] + L + \frac{1}{2}[[H,K],K] + L \Big| 0 \Big\rangle \tag{2-13}$$

写成矩阵形式为

$$E(K,P) = E_0 + (K^t p^t)\begin{pmatrix} w \\ v \end{pmatrix} + \frac{1}{2}(K^t p^t)\begin{pmatrix} B & C \\ C^t & M \end{pmatrix}\begin{pmatrix} K \\ p \end{pmatrix} \tag{2-14}$$

其中,w,v 分别为轨道系数和组态系数的一阶导数,B 和 M 分别为轨道系数和组态系数的二阶导数,C 则是轨道系数和组态系数的耦合二阶导数。

根据 Newton Raphson 方法[76]可得到以下矩阵方程:

$$\begin{pmatrix} B & C \\ C^t & M \end{pmatrix} \begin{pmatrix} K \\ p \end{pmatrix} + \begin{pmatrix} w \\ v \end{pmatrix} = \begin{pmatrix} 0 \\ 0 \end{pmatrix} \tag{2-15}$$

该方程是 CASSCF 方法的关键步骤，目前有一步法和两步法两种方案求解轨道系数和组态系数。

如果体系的势能面复杂，几个态的能量相近，则活性空间会很难确定，这时需要引入态平均(state-averaged)的 CASSCF 手段去处理，使用同一组轨道去描述体系的多个态，总体波函数可以写为 $E_{\text{aver}} = \sum_{I=1}^{M} \omega_I E_I$。

3. 密度矩阵重整化群方法

密度矩阵重整化群(DMRG)是可以高精度地获得量子多体系统能量的数值变分手段。最初由 Steven R. White 在 1992 年提出，在一维 Heisenberg 模型中具有广泛应用。量子多体物理学的主要问题是希尔伯特空间随体系电子多少呈指数性增长。DMRG 是一种迭代的、变分的方法，它将有效自由度降低到对目标状态(常为基态)最重要的自由度。1999 年 White 和 Martin 等人将 DMRG 首次应用到量化计算中，分子的实空间轨道被看作格点并分为系统块 i 和环境块 j (图 2.1)，两个区域之间通过超块(super-block)建立联系，体系的波函数可以表示为两部分的直乘：

$$|\psi\rangle = \sum_{i,j} \psi_{ij} |i\rangle \otimes |j\rangle \tag{2-16}$$

其中，$|i\rangle$ 和 $|j\rangle$ 分别是系统块和环境块的基矢，ψ_{ij} 为展开系数。

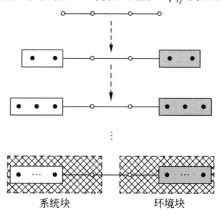

图 2.1 密度矩阵重整化方法

具体的 DMRG 操作流程如下：

(1) 将体系分为系统块和环境块，并建立超块哈密顿 $\hat{H}_{BB}$：

$$\hat{H}_{BB} = \hat{H}_{B\cdot} + \hat{H}_{\cdot\cdot} + \hat{H}_{\cdot B} \tag{2-17}$$

此哈密顿量为 $m^2n^2 \times m^2n^2$ 阶矩阵，其中 $m = 10^2 \sim 10^3, n = 2 \sim 10$。

(2) 对角化 $\hat{H}_{BB}$ 从而确定目标态：

$$\hat{H}_{BB}\psi(i,j) = E_t\psi(i,j) \tag{2-18}$$

(3) 构建系统和环境的约化密度矩阵：

$$\rho(i, i') = \sum_{j=1}^{mn}\psi^+(i,j)\psi(i,j) \tag{2-19}$$

引入变换矩阵 U，满足 $\rho u^{\gamma} = w_{\gamma}u^{\gamma}, w_1 \geqslant w_2 \geqslant \cdots \geqslant w_{mn}$，

$$U = (u^1, u^2, \cdots, u^m) = \begin{bmatrix} u^1(1) & \cdots & u^m(1) \\ \vdots & & \vdots \\ u^1(mn) & \cdots & u^m(mn) \end{bmatrix}_{mn \times m} \tag{2-20}$$

(4) 引入重整化算符，如式(2-21)所示，对密度矩阵重整化使得系统环境的维度降低。

$$O_{B,m \times m} = U^T_{m \times mn}O_{B\cdot,mn \times mn}U_{mn \times m} \tag{2-21}$$

继续循环以上各步骤，直至达到要处理的系统尺寸或达到超块的能量收敛精度。DMRG 的主要特点是该方法相比于传统的多参考波函数方法可以包括极大的活性空间，这在多核过渡金属、4f/5f 等强关联体系中具有重要应用。近年来，Yanai 和 Chan 等人将此方法运用到含有多个过渡金属的生物无机体系当中[77-78]，并在计算基态和激发态能谱等方面得到了较好的应用。在金属掺杂硼团簇体系当中，由于硼原子数目较多且在比较异构体能量时无法完全基于成键-反键的活性空间选取规则，这时采用 DMRG 方法包括所有的原子价轨道作为活性空间较为理想。

2.2.3 密度泛函理论

密度泛函理论(DFT)是现今应用十分广泛的量化计算方法之一，主要应用于物理、化学和材料科学，多用于研究多体系统(如原子、分子、凝聚态等)的电子结构(主要是基态)。在 DFT 方法中，多体系统的性质用泛函(函数的函数)来描述，因此，复杂的具有 3N 变量的多体问题可以被简化为三维空间的电子密度函数，减少了冗杂的计算量又不失计算精度。

第 2 章 基础理论与计算方法

密度泛函理论起源于计算材料电子结构的 Thomas-Fermi 模型,但最初是由 Walter Kohn 和 Pierre Hohenberg 在 Hohenberg-Kohn(H-K)定理的框架下建立起来的[79],最初的 H-K 定理只适用于没有磁场的非简并基态[80]。20 世纪 70 年代开始,DFT 多用在凝聚态性质计算中。为了更精确描述体系的交换和相关相互作用,多种近似被提出以修正交换-相关项,从而衍生出不同级别类型的泛函理论。

在 Hartree-Fock 等波函数方法中体系包含 $3N$ 个变量,而 DFT 方法中体系的能量和所有物理化学性质都由电子密度唯一确定。

将式(2-3)的哈密顿量代入 Schrödinger 方程中,可得到式(2-22):

$$\hat{H}\psi = [\hat{T} + \hat{V} + \hat{U}]\psi$$
$$= \left[\sum_i^N \left(-\frac{\hbar^2}{2m_i}\nabla_i^2\right) + \sum_i^N V(\mathbf{r}_i) + \sum_{i<j}^N U(\mathbf{r}_i, \mathbf{r}_j)\right]\psi = E\psi \quad (2\text{-}22)$$

其中,$\hat{T}$ 为动能项,$\hat{V}$ 为核与电子间势能,$\hat{U}$ 为电子与电子间的相互作用能。DFT 理论的精髓之处是将多体问题中的 $\hat{U}$ 映射到了没有 $\hat{U}$ 的单体问题上,将变量由 $3N$ 维坐标标量降低到了三维电子密度 $\rho(\mathbf{r})$ 变量:

$$\rho(\mathbf{r}) = N\int d^3r_2 \cdots \int d^3r_N \psi^*(\mathbf{r}, \mathbf{r}_2, \cdots, \mathbf{r}_N)\psi(\mathbf{r}, \mathbf{r}_2, \cdots, \mathbf{r}_N) \quad (2\text{-}23)$$

上述关系也可以反推,即给定一个基态电子密度 $\rho_0(\mathbf{r})$,则相应的基态波函数 $\psi_0(\mathbf{r}_1, \mathbf{r}_2, \cdots, \mathbf{r}_N)$ 也可以求得。换言之,ψ 也是 ρ_0 的函数:

$$\psi_0 = \psi[\rho_0] \quad (2\text{-}24)$$

假设体系的特定可观测性质对应的算符为 $\hat{O}$,那么

$$\hat{O}[\rho_0] = \langle \psi[n_0] | \hat{O} | \psi[n_0] \rangle \quad (2\text{-}25)$$

也就是说,在量化计算中,体系的各类性质完全可以避免使用多体波函数而采取密度泛函的形式对哈密顿量进行变分,避免了冗杂的计算量。

1965 年,Kohn 和 Sham(沈吕九)提出了非相互作用系统的单电子薛定谔方程[81]——Kohn-Sham 方程。它是由一个局域有效的外部势定义的,此处记为 $v_\text{eff}(\mathbf{r})$。由于粒子是非相互作用的费米子,Kohn-Sham 波函数可以表示为以下单 Slater 行列式的形式:

$$\left\{-\frac{\hbar^2}{2m_i}\nabla^2 + v_\text{eff}(\mathbf{r})\right\}\phi_i(\mathbf{r}) = \varepsilon_i \phi_i(\mathbf{r}) \quad (2\text{-}26)$$

其中,ε_i 是 Kohn-Sham 轨道 ϕ_i 的本征值。N 电子体系的电子密度可以表示为

$$\rho(\boldsymbol{r}) = \sum_{i}^{N} |\phi_i(\boldsymbol{r})|^2 \qquad (2\text{-}27)$$

利用变分原理求解体系能量最小值,可以得到类似于式(2-5)的Kohn-Sham方程,如式(2-28)所示:

$$\left(-\frac{1}{2}\boldsymbol{\nabla}_1^2 + \sum_{A=1}^{M}\frac{Z_A}{r_{1A}}\right)\psi_i(1) + \int\frac{\rho(\boldsymbol{r}_2)}{r_{12}}\mathrm{d}\boldsymbol{r}_2\psi_i(1) + V_{\mathrm{XC}}(\boldsymbol{r}_1)\psi_i(1) = \varepsilon_i\psi_i(1)$$

$$(2\text{-}28)$$

其中,V_{XC}称为交换相关势,是交换相关能E_{XC}对电子密度的偏导数。经迭代即可求得体系的能量和对应的本征函数。由式(2-27)得知,唯一需要近似的是V_{XC}项,因此只要V_{XC}足够精确,KS方程即可求得精确解,由此便产生了不同近似方法下得到的交换关联泛函。图2.2是著名的密度泛函Jacob阶梯[82],反映了从Hartree-Fock等级到具有最高化学精度的每一级近似。

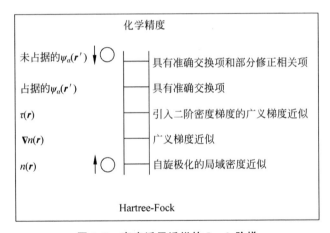

图2.2 密度泛函近似的Jacob阶梯

密度泛函中,最基础的是基于自由电子气模型的只含密度项的局域密度近似(local density approximation,LDA),主要应用在电荷密度均匀变化的体系中,估算的键能误差在$10\%\sim20\%$,而分子键长、晶格参数等由于误差抵消,与实验数值差距仅为1%左右。如果在LDA方法中加入密度梯度项$\boldsymbol{\nabla}\rho$,则得到广义梯度近似(general gradient approximation,GGA),交换相关能形式为

$$E_{\mathrm{XC}}^{\mathrm{GGA}}[\rho_\alpha,\rho_\beta] = \int f(\rho_\alpha,\rho_\beta,\boldsymbol{\nabla}\rho_\alpha,\boldsymbol{\nabla}\rho_\beta) \qquad (2\text{-}29)$$

典型的 GGA 泛函有 PBE,PW91,BP86 等。经验证,该类泛函在描述多核过渡金属体系、镧系锕系等化合物的电子结构时均表现较好[83-84],特别是在硼团簇的研究中被广泛应用[12]。进一步地,泛函的开发还包括在 GGA 的基础之上引入二阶密度梯度的 meta-GGA 泛函(如 TPSS,M06-L 等),以及既包括密度、一阶密度梯度、二阶密度梯度,又考虑一定比例交换作用能(HF)的杂化泛函(如 B3LYP,M06-2X 等)。杂化泛函在计算振动频率时更为准确,但对弱相互作用、涉及电子转移的跃迁描述不好。随着之后研究的愈发深入,可以在 DFT 的基础上结合色散校正(DFT-dispersion 方法)用于处理弱相互作用体系和强关联体系。如果在交换相关势中考虑 KS 的空轨道贡献得到了双杂化泛函(如 B2PLYP 和 XYG3 等),这样不仅考虑了局域/半局域电子相关性,还将非局域的电子相关以微扰的形式加入其中,在描述反应能垒、解离能等方面表现出色。

基于上述 DFT 理论,对于可以用单 Slater 行列式描述的体系(单参考),其激发态可以采取含时密度泛函理论(time-dependent DFT, TDDFT)[85]处理,进而为模拟光谱提供了有力手段,如紫外吸收光谱、荧光磷光光谱、光电子能谱等[86-88]。

2.2.4 相对论量子化学

相对论量子化学结合相对论力学和量子化学来解释物质的性质和结构。特别是含有重元素的体系由于较强的相对论效应存在,致使其表现出非同寻常的物理化学性质。量子力学虽然最初是在未考虑相对论的情况下发展起来的[89],但是相对论效应与原子核电荷数的四次方成正比,因此对于原子序数较高的重元素(如镧系、锕系元素),相对论效应非常重要。

相对论效应归因于在惯性体系中的光速不变性,而爱因斯坦狭义相对论指出时间坐标和空间坐标要等价处理,而含时薛定谔方程已无法满足这一性质。1928 年,Dirac 提出了含有自旋且满足洛伦兹不变性的 Dirac 方程:

$$c\boldsymbol{\alpha}\cdot\nabla\psi+\frac{\partial\psi}{\partial t}=\left(\frac{mc^2}{i\hbar}\right)\boldsymbol{\beta}\psi \tag{2-30}$$

$$\boldsymbol{\alpha}_k=\begin{pmatrix}\boldsymbol{0}_2 & \sigma_k \\ \sigma_k & \boldsymbol{0}_2\end{pmatrix},\quad \boldsymbol{\beta}_k=\begin{pmatrix}\boldsymbol{I}_2 & \boldsymbol{0}_2 \\ \boldsymbol{0}_2 & \boldsymbol{I}_2\end{pmatrix} \tag{2-31}$$

$$\boldsymbol{\sigma}_1=\begin{pmatrix}0 & 1 \\ 1 & 0\end{pmatrix},\quad \boldsymbol{\sigma}_2=\begin{pmatrix}0 & -i \\ i & 0\end{pmatrix},\quad \boldsymbol{\sigma}_3=\begin{pmatrix}1 & 0 \\ 0 & -1\end{pmatrix} \tag{2-32}$$

从式(2-30)可以看出,Dirac 方程在处理时间和空间坐标上均采用一阶微分形式,因此 Dirac 波函数是具有四分量的列矢量(式(2-33)),且各个分量均是空间(x,y,z)和时间 t 的函数。方程有四个解,两个正能量解对应电子的两个不同自旋态,两个负能量解对应正电子的两个不同自旋态。Dirac 方程将相对论效应和量子力学相结合,成功预测了正电子的存在,且将粒子的自旋态自然引入薛定谔方程。

$$\psi = \begin{pmatrix} \psi_{L\alpha} \\ \psi_{L\beta} \\ \psi_{S\alpha} \\ \psi_{S\beta} \end{pmatrix} \quad (2\text{-}33)$$

其中,L 和 S 分别代表大分量、小分量波函数。在非相对论近似下,电子体系的小分量消失,只剩下大分量为方程的解,小分量波函数对应电子和正电子的耦合态。

引入 K 因子 $K = [1+(E-V)/(2mc^2)]^{-1} \approx 1-(E-V)/(2mc^2)+\cdots$,校正相对论效应,对于处于势场为 V 的多电子体系,Pauli 方程写为如下形式:

$$\left[\frac{p^2}{2m} + V - \frac{p^4}{8m^3c^2} + \frac{Z\pi\delta(r)}{2m^2c^2} + \frac{Z\boldsymbol{s}\cdot\boldsymbol{l}}{2m^2c^2r^3} \right]\psi_L = E\psi_L \quad (2\text{-}34)$$

其中,前两项为非相对论级别下的电子动能和势能算符,第三项称为质量-速度校正算符,第四项对应电子在平均场中由于相对论效应的存在产生的高频振荡,第三、第四项的和为标量相对论效应,第五项为自旋-轨道耦合算符。

在量化计算中,常采用下述两种手段处理相对论效应:

(1) 相对论二分量方法。如上所述,如果求解四分量的 Dirac 方程,计算量巨大且正电子波函数不是化学所关心的问题,因此在四分量计算的基础上可以进行酉变换,从而消除小分量正电子态,减少不必要的计算量。目前较为成熟的二分量方法有 DKH 方法[90]、ZORA 近似[91-92]和刘文剑课题组发展的准相对论 X2C 计算方法[93]。ZORA 近似方法中的哈密顿量可以写为

$$\hat{H}^{\text{ZORA}} = V + (\boldsymbol{\sigma}\cdot\boldsymbol{p}) \frac{c^2}{2mc^2 - V}(\boldsymbol{\sigma}\cdot\boldsymbol{p}) \quad (2\text{-}35)$$

式(2-35)中自旋轨道耦合在一起,使用 Dirac 公式(2-30)~式(2-32)将二者分离可得标量相对论方程:

$$(\boldsymbol{\sigma} \cdot \boldsymbol{p})(\boldsymbol{\sigma} \cdot \boldsymbol{p}) = p^2 \boldsymbol{I}_2 \tag{2-36}$$

式(2-36)的求解与非相对论的求解方法类似,仅多了一些常数项,因此大大节省了计算时间又保证精度。在本书中,均采用此方法优化几何结构并计算振动频率,从而确定体系的极小点。

(2) 有效核芯势法(effective core potential, ECP),又称赝势法。化学反应过程中内层核电子轨道几乎不参与成键、断键过程,因此其引起的势函数变化不大。而且在重元素体系中,核电子数目众多,如果采用常规的全电子变分计算,将耗费大量资源。但核内层电子的速度往往要比价电子大很多,相对论效应的影响主要体现在内层轨道上。因此,对原子序数大的重元素采取"冻结核"的方法是一种合理且高效的处理手段。

ECP 方法的核心是要保证在变分过程中冻结的芯原子轨道和外层分子轨道的正交性。一种手段是引入强制正交的模型势(model potential, MP)[94],具体表达式为

$$V^{MP} = \hat{J}_c - \hat{K}_c + \sum_k B_k |k\rangle\langle k| \tag{2-37}$$

与全电子处理方式类似,$\hat{J}_c$ 和 $\hat{K}_c$ 分别为冻结核内电子对价电子产生的库仑势和交换势,B_k 是外层价轨道的能级正向移动因子,如果价轨道与芯轨道正交,则移动因子为 0。

另一种手段是将相对论效应体现在参数化拟合的与自旋坐标相关联的赝势当中,该赝势通过拟合原子的相对论效应来确定,可以表达成

$$V^{PP} = U(r) + \sum_{l,m_l} U_l^{sf} |lm_l\rangle\langle lm_l| + s \cdot \sum_l U_l^{so} \sum_{m_l} |lm_l\rangle\langle lm_l|$$
$$|lm_l\rangle\langle lm_l| \tag{2-38}$$

相比于全电子相对论效应,ECP 方法大大缩减了计算量,将相对论效应仅仅体现在影响最大的核芯电子中。得到的分子轨道既考虑了参数化的标量相对论效应,也包括了旋-轨耦合效应的影响。

2.3 化学成键分析方法

量化计算中化学键分析有多种方法,其主要核心是对体系波函数性质进行分析。体系的稳定性来源与化学成键的具体形式密不可分。本节将着重介绍本书主要使用的三种分析方法。

2.3.1 适应性自然密度划分

适应性自然密度划分(adaptive natural density partitioning, AdNDP)方法是用于获得体系中的化学成键模式的一种新型理论工具。此方法将电子对的概念作为化学键模型的主要元素,采用 nc-2e 键表示电子结构, n 可以是体系任意原子数目之间的任意原子组合,既可以描述孤对电子(1c-2e)的存在,也可以展现 Lewis 电子对(2c-2e)的位置,还可以体现离域键的分布(nc-2e),从而得到体系的芳香性或反芳香性特点。从这个角度来看,AdNDP 实现了对具有局域和非局域键合的系统的无缝描述,而没有采用共振的概念。本质上,AdNDP 是一种用来解释分子轨道波函数的非常有效和直观的方法。

AdNDP 方法由 Boldyrev 等人于 2008 年提出[95],它是自然键轨道分析(natural bonding orbital, NBO)理论[96-97]的广义化形式,基于自然原子轨道的一阶约化密度矩阵分析,可以扩展到 n 中心二电子离域化学键。在分析过程中,对密度矩阵的 n 个原子块进行重新构造,并对每个原子块的本征值进行了求解。如果发现特征向量的特征值(占据数)接近最大值 2.00 |e|(阈值可人为定义),则该向量可以接受,密度矩阵去除已接受的相关向量所产生的密度矩阵块,并继续向下搜索直至搜索到第 n 个原子块。其获得的化学键合模式与化学直觉一致,得到的键合方式避免了复杂的共振描述,并且保持与分子的点对称性统一。具有芳香性的系统的 AdNDP 分析可以结合局部和离域的键合,更加清晰地展现了体系的化学成键模式。

2.3.2 EDA-NOCV 能量分解

EDA-NOCV 分析方法是将能量分解(energy decomposition analyses, EDA)方法与化学原子价的自然轨道(natrual orbitals for chemical valence, NOCV)[98]理论相结合的一种方法,是定量分析各类化学键(如共价键、配位键、弱相互作用等)的有力工具。基于 EDA-NOCV 的电荷和能量分解方案,变形密度可以依照轨道类型被分割成不同的组分,如 σ,π,δ 型等化学成键。计算碎片之间的每个轨道相互作用对总键能的贡献,从而更加清晰地了解各类分子的轨道相互作用。

在 AB 分子体系中,对于指定的进行相互作用的两个碎片 A 和 B,体系的解离能 D_e 可以被分解为以下几部分:

$$-D_e = \Delta E_{prep} + \Delta E_{int} \tag{2-39}$$

$$\Delta E_{\text{int}} = \Delta E_{\text{elstat}} + \Delta E_{\text{Pauli}} + \Delta E_{\text{orb}} \tag{2-40}$$

其中，ΔE_{prep} 称为准备能；$\Delta E_{\text{prep}} = E_A - E_A^0 + E_B - E_B^0$，即片段从其最稳定构型（几何构型和电子构型）变形到分子整体中形态所需要的能量，该项为正值；ΔE_{elstat} 为碎片间的静电相互作用能量；ΔE_{Pauli} 是碎片间的泡利排斥作用；ΔE_{orb} 是两个碎片之间的轨道相互作用能，可以展开成具有不同不可约表示的轨道的组合：

$$\Delta E_{\text{orb}} = \sum_{\Gamma} \Delta E_{\Gamma} \tag{2-41}$$

新近发展的 EDA-NOCV 方法将 EDA 与 Mitoraj 和 Michalak 提出的 NOCV 方法相结合[98]。传统的 EDA 和 EDA-NOCV 方法之间的差异在于 EDA-NOCV 将轨道相互作用项的表达式 ΔE_{orb} 进一步分解为片段间的两两相互作用的轨道贡献。出发点是变形密度 $\Delta \rho(r)$ 来源于碎片之间形成化学键前后的电子密度差异。分子轨道反映了体系电子云密度的分布情况，因此 ΔE_{orb} 这一项的贡献使得电子密度发生变化，密度变化量如式（2-42）所示：

$$\Delta \rho(r) = \sum_k \nu_k \left[-\psi_{-k}^2(r) + \psi_k^2(r) \right] = \sum_k \Delta \rho_k(r) \tag{2-42}$$

其中，ψ_k 表示 NOCV 轨道，ν_k 是相应的本征值，二者通过对差密度矩阵 $\Delta P_{\mu\nu}$ 对角化获得[98]。ΔE_{orb} 同样可以展开为成对的轨道相互作用能 ΔE_{orb}^k 的贡献，此值与式（2-42）中 $\Delta \rho_k(r)$ 相关联，如式（2-43）所示：

$$\Delta E_{\text{orb}} = \sum_k \Delta E_{\text{orb}}^k = \sum_k \nu_k (-F_{-k,-k}^{\text{TS}} + F_{k,k}^{\text{TS}}) \tag{2-43}$$

其中，$F_{-k,-k}^{\text{TS}}$ 和 $F_{k,k}^{\text{TS}}$ 是"跃迁态"Kohn-Sham 矩阵的对角元，分别对应本征值 $-\nu_k$ 和 ν_k。这里的"跃迁态"是指介于最终分子 AB 的密度与 A 和 B 的重叠碎片密度之间的电荷密度。每一个特定的 ΔE_{orb}^k 对应一个 $\Delta \rho_k$，本征值 ν_k 衡量了变形密度的大小。

EDA 方法为合成化学中建立的键合模型与量子化学计算得到的数值结果之间提供了桥梁，可以更加清晰明确地阐述诸如多重化学键或原子间相互作用的共价性质等问题。键强度的变化趋势可以用静电吸引、泡利斥力和轨道（共价）相互作用来解释。EDA 的一个优点是它无须参考外部参考系统就能分析化学键的原子间瞬时相互作用。因此，EDA 通过对能量的划分提供了与化学键本质一致的图像。更进一步地，EDA-NOCV 方法建立了分子轨道能级图和碎片轨道相互作用之间的桥梁，这些相互作用与分子的结构和反应有关。前线轨道理论与轨道对称性匹配原则及 EDA-

NOCV 方法所提供的定量电荷和能量分配方案之间存在着联系。可以定量地估计轨道间相互作用的强度,并通过形变密度图直观地反映电子云密度的相关变化。不仅是分子体系,EDA-NOCV 方法有望用于分析周期性体系中不同类型化学键的作用情况。

2.3.3 晶体轨道的哈密顿布居分析

在处理固体时,理论化学和物理之间存在着一种相辅相成的共生关系。在 21 世纪,从头算不仅保证了对现有现象的透彻理解,而且对预测具有独特性质的新材料也有巨大的帮助。然而,在晶体科学中,化学理论的核心问题之一是寻求简单且普适的模型,可以更容易且可视化地反映三维结构的成键机理。而量子力学得到的信息通常在倒易空间中表示,这常常给化学直觉和想象带来严重的问题。

为了在密度泛函理论的框架下克服这些困难,1993 年 Dronskowski 等人引入了晶体轨道哈密顿布居(crystal orbital Hamilton populations,COHP)分析方法[69],它根据轨道贡献对能带结构进行划分,因此它是由局域性基组(所谓的紧束缚方法)展开而来。做 COHP 的关键步骤是将平面波型基组投影到原子型局域基函数上,由此体系的能量可以展开成

$$E = \int \sum_A \sum_{\mu,\mu \in A} P_{\mu\mu}(E) H_{\mu\mu}(E) \, dE +$$

$$\int 2 \sum_A \sum_{B>A} \sum_{\mu,\mu \in A} \sum_{\nu,\nu \in B} \mathrm{Re}[P_{\mu\nu}(E) H_{\mu\nu}(E)] \, dE \quad (2\text{-}44)$$

$$P_{\mu\nu}(k) = \sum_i f_i c_{\mu i}^*(k) c_{\nu i}(k) \quad (2\text{-}45)$$

其中,A 和 B 分别表示不同原子,μ 和 ν 分别对应两个原子的轨道,$P_{\mu\nu}(k)$ 为密度矩阵,Re 代表矩阵非对角元的实部部分。式(2-44)中第一项对应原子能量,第二项对应键合能量。将其合并则可以写成如下形式:

$$E = \int \sum_A \sum_{\mu,\mu \in A} \{P_{\mu\mu}(E) H_{\mu\mu}(E) + \sum_{B \neq A} \sum_{\nu,\nu \in B} \mathrm{Re}[(P_{\mu\nu}(E) H_{\mu\nu}(E)]\} \, dE$$

$$(2\text{-}46)$$

进一步简化可以得到:

$$E = \int \sum_A \sum_{\mu,\mu \in A} \sum_B \sum_{\nu,\nu \in B} P_{\mu\nu}(E) H_{\mu\nu}(E) \, dE$$

$$= \int \sum_A \sum_{\mu,\mu \in A} \sum_B \sum_{\nu,\nu \in B} \mathrm{COHP}_{\mu\nu}(E) \, dE \quad (2\text{-}47)$$

因此，COHP 计算可以有效地表征体系的成键性质。由哈密顿量的符号可以得知，若 COHP 为负值，则其反映了轨道间的成键性质，反之，则证明轨道对之间是反键特点。同时，COHP 和 DOS 图可以一一对应(图 2.3)，能够清晰反映在某一能量范围内轨道对之间的成反键情况。

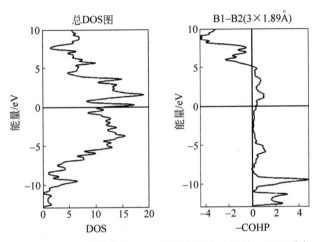

图 2.3　$Ti_{1.6}Os_{1.4}RuB_2$ 晶体的总 DOS 图和 B1-B2 之间的 COHP 分析

图中费米能级被设置为 0.0 eV

如果将不同轨道对之间的 COHP 按照能量由低到高积分至费米能级，其总和对应所有单电子 Kohn-Sham 波函数的本征值之和，也即

$$\int \sum_A \sum_{\mu,\mu \in A} \sum_B \sum_{\nu,\nu \in B} \text{COHP}_{\mu\nu}(E) \, dE = \sum_A \sum_{\mu,\mu \in A} \sum_B \sum_{\nu,\nu \in B} \text{ICOHP}_{\mu\nu} = \sum_i \epsilon_i \tag{2-48}$$

式(2-48)中的 ICOHP 值是衡量特定轨道对成键强弱的一种有力手段，其绝对值越大，证明成键能力越强。因此，COHP 方法可以有效地将晶体结构中的化学成键性质更加直观、清晰、定量地表征出来。

第 3 章　过渡金属掺杂纳米管状硼团簇结构、稳定性及光谱

3.1　引　言

受 B_8^- 和 B_9^- 等高对称性车轮状纯硼结构的启发[21],大量的环状金属掺杂硼团簇结构被理论计算和实验研究所证实[22]。其中,NbB_{10}^- 和 TaB_{10}^- 团簇是迄今为止所发现的具有最高配位数的平面结构[99-100]。而在更大尺寸的金属-硼团簇中(如 CoB_{12}^- 和 RhB_{12}^-),体系则更倾向于形成金属在顶部、硼团簇在底部的半夹心式结构[101]。之后,有很多纯计算的文章报道当硼团簇的尺寸 $n \geqslant 14$ 时,金属的掺杂可以稳定连接上、下硼环,从而更有利于形成金属位于中央的管状结构[102-103]。

2015 年,美国布朗大学王来生教授与犹他大学 Boldyrev 教授合作,利用光电子能谱实验和理论计算的手段共同印证了 CoB_{16}^- 管状团簇的存在[60]。他们发现有两种分别具有 D_{8d} 和 C_{4v} 对称性的异构体共同存在,并同时贡献了光谱中的谱峰位置。二者均呈现 Co 原子位于中央、被两个 B_8 环夹在中心的管状结构,如图 3.1 所示。CoB_{16}^- 是当前所发现的拥有最高配位数的团簇。基于 B_8 环之间较强的化学成键作用,科学家们大胆推测,CoB_{16}^- 可以作为基元从而形成硼纳米管。不仅如此,该团簇的衍生物 $[CoB_{16}(CaCp)_2]^-$ 为组装三夹心化合物的设计合成提供了新思路。

受以上研究启发,提出以下疑问:①其他金属元素是否也可以形成类似的金属掺杂纳米管结构;②选择合适金属是否可以形成更大的管状结构,从而达到更高配位数。该类体系的稳定性主要取决于金属和上下两个硼环化学成键的强弱,即金属半径和硼环尺寸相匹配的问题,因此合理选择金属的种类和硼原子的数目是体系是否能稳定存在的关键问题。

针对以上两个问题,提出以下合理设想:①如果将 CoB_{16}^- 的中心 Co 换成同周期或同族元素,可能会得到与之类似的结构;②TaB_{10}^- 为已知的具

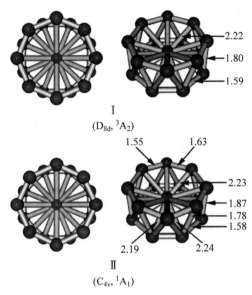

图 3.1 两种 CoB_{16}^- 异构体 I 和异构体 II 的主视图和俯视图

括号内为对称性和电子态，距离单位为 Å(1Å=0.1nm)

有最高配位数的以金属为中心的车轮状平面结构，那么 TaB_{20}^-（B_{10}⋯Ta⋯B_{10}）也许会成为最大的金属掺杂硼纳米管状结构。不出所料的是，MnB_{16}^- 团簇恰可以形成与 CoB_{16}^- 类似的结构，且具有独特的电子结构；TaB_{20}^- 中 Ta 可以与两个 B_{10} 环形成强烈的离域化学键，而使得体系具有高度稳定性。因此，本章将围绕类似于 CoB_{16}^- 结构的 MnB_{16}^- 团簇和具有更大尺寸与更高配位数的 TaB_{20}^- 团簇展开，从几何结构的搜寻、电子结构的确定、芳香性的判断及成键性质的分析几个角度，深入探讨体系的稳定性来源和光谱性质。通过光电子能谱的模拟和谱峰指认，对体系的成键模式和激发态的跃迁给出了理论解释，并为合理设计更多的该类化合物提供了有力的理论依据。

3.2 计算方法及细节

密度泛函理论被广泛应用于硼团簇体系的几何结构优化和电子结构的计算。大量的研究已经证实，Perdew 等提出的广义梯度近似下的 GGA-PBE 纯泛函[104]在几何结构的描述和电子态的指认方面均表现出色。因此，在金属掺杂硼团簇的计算中，采用了 GGA-PBE 泛函和杂化密度泛函 PBE0[105]共同对体系进行结构优化，并比较不同异构体的相对能量。由于本章研究的体系主要为过渡金属掺杂，标量相对论近似（SR-ZORA）[91]足以描述体系的结构、电子性质和成键规律。在密度泛函优化所得到的几何结构基础之上，采用耦合簇 CCSD(T)[106-107]的方法对能量相对稳定的异构体（一般小于 1.0 eV）进行动态相关校正，从而比较得出最稳定的基态构型。

3.2.1 最优几何构型的确定

本章使用本组开发的基于改进的 Basin-Hopping 算法的全局最优结构搜索 TGMin 软件包[108-110]，调用 ADF（2016.101 版）[111]量化计算程序，对带有不同自旋多重度的 MnB_{16}^- 和 TaB_{20}^- 团簇进行全局最优结构的搜索。为了更加有说服力地证明 TGMin 搜索程序的可靠性，又使用之前搜寻纯硼团簇的 CK（coalescence kick）[112]程序进行验证。由于可能的异构体数目庞杂，先计算出一些可能性较大的结构作为初始猜测的"种子结构"，采用纯泛函 PBE 和 DZP 的 Slater 型基组（双 ζ-STO ＋极化函数）[113]对大批量的结构进行搜索以节省计算时间。基于所得到的能量范围在约 100 kcal/mol 之内的稳定结构，扩大基组为 TZP（三 ζ-STO ＋极化函数），采用 PBE 和 PBE0 泛函对几何结构全优化并分析频率以确定势能面极小点。为了校正电子动态相关所引起的误差，在 PBE0 所优化的几何结构基础之上，使用擅长处理波函数方法的 Molpro（2012 版）程序[114]，引入 CCSD(T)单点能计算得到更加准确的相对能量和 T1 诊断因子来判断体系的多参考特性。在 CCSD(T)计算中，对 B 使用三 ζ 的高斯型基组 cc-pVTZ[115]，对金属 Mn 和 Ta 均采用斯图加特大学开发的能量一致的相对论型赝势 ECP10MDF(Mn)[116-117]和 ECP60MDF(Ta)[118]以处理标量相对论效应，选用的基组均为对应的三 ζ 的高斯型基组。

3.2.2 化学键分析及芳香性判断

分子轨道（molecular orbital, MO）理论是分析化合物稳定性来源及成键模式的重要手段。基于不同碎片的划分方式，可以深入理解体系中每一部分之间的化学键作用，进而判断体系的电子结构和成键机理。碎片的划分主要根据体系的几何构成和想要研究的片段对象。考虑到本章中管状体系的特殊性，采用金属原子和硼骨架分别作为碎片来探究整体的电子构型。基于此划分，可以更加直观且定量地描述金属是如何与硼团簇进行相互作用的。

硼的独特缺电子特性致使其无法用经典的二中心二电子(2c-2e)路易斯电子对来描述体系的化学成键。硼团簇需形成多中心离域二电子键(nc-2e)以平衡电子分布,从而提高体系的稳定性,由此也引出了 σ、π 型等多重芳香性的概念。本章中,通过采用 Boldyrev 等提出的 AdNDP 的分析手段来探究该类金属掺杂纳米管状硼团簇的离域化学键和多重芳香性。

3.2.3 激发态和光电子能谱

在拟合光电子能谱的垂直激发能时,所有中性分子的几何结构均来源于全优化后的阴离子构型。第一垂直激发能(VDE1)通过计算阴离子和中性体系的 CCSD(T) 能量差获得。更高阶的垂直跃迁能量则是在 VDE1 的基础上加入对应由 TDDFT 计算得到的电子垂直跃迁的激发能得到[119]。值得一提的是,在 TDDFT 计算中普遍采用标量相对论近似下的统计平均的轨道势能函数(statistically averaged orbital potentials, SAOP)模型,原因是此模型有较好的 $1/r$ 渐近性质,在描述激发态的势函数时表现得更为准确[120]。

由于光电子能谱的强度与激光波长、实验条件、跃迁横截面等诸多因素有关,基于 Franck-Condon 原理的近似已无法描述跃迁强度,因此在模拟光电子能谱的过程中均用等强度的高斯展宽进行模拟[121-124]。

3.2.4 分子动力学模拟

在验证体系的动力学稳定性及探究结构演变的具体过程中,使用 CP2K 第一性原理软件[125]和 GGA-PBE 泛函进行玻恩-奥本海默近似下的分子动力学模拟(Born-Oppenheimer molecular dynamics, BOMD)。系综设为正则系综(NVT)[126-127],恒定温度为 900K,时间间隔为 1fs,共计 30ps。

3.3 结果与讨论

3.3.1 稳定异构体的搜寻和比较

图 3.2 和图 3.3 分别依据能量从低到高的顺序,列举了部分由 TGMin 软件包搜寻到的 MnB_{16}^- 和 TaB_{20}^- 团簇的稳定异构体。在搜寻过程中,有效结构采样共达超过 2000 个。之后,用更大的基组和 DFT 方法(包括 PBE 和 PBE0)及 CCSD(T) 耦合簇方法对得到的具有较低能量的异构体进行相对能量的校正。下面将对两种体系分别进行讨论。

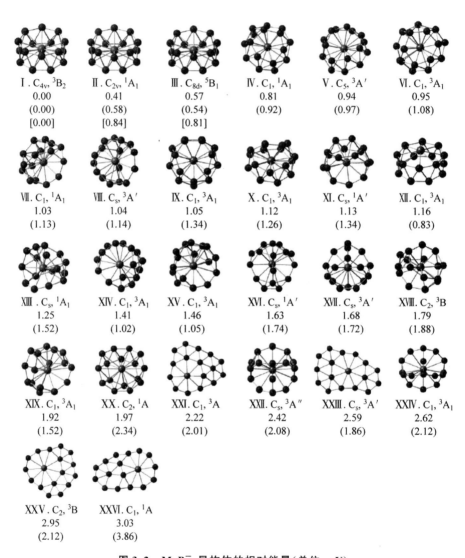

图 3.2　MnB_{16}^- 异构体的相对能量（单位：eV）

无括号数值为在 PBE/TZP 级别下的相对能量，圆括号内数值为 PBE0/TZP 级别下的相对能量，中括号内数值为 CCSD(T)校正后所得到的相对能量

第 3 章 过渡金属掺杂纳米管状硼团簇结构、稳定性及光谱

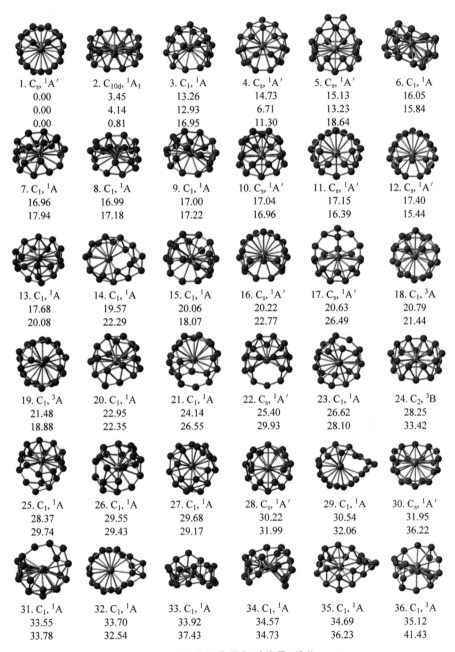

图 3.3 TaB_{20}^- 异构体的相对能量（单位：eV）

第一行、第二行、第三行数值分别为在 PBE/TZP，PBE0/TZP，CCSD(T)/VTZ 级别下校正后所得到的相对能量

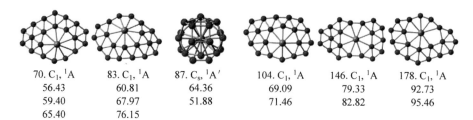

70. C_1, ^1A	83. C_1, ^1A	87. C_s, $^1A'$	104. C_1, ^1A	146. C_1, ^1A	178. C_1, ^1A
56.43	60.81	64.36	69.09	79.33	92.73
59.40	67.97	51.88	71.46	82.82	95.46
65.40	76.15				

图 3.3（续）

对于 MnB_{16}^-，针对不同的自旋多重度和平面度，使用 TGMin 程序搜得共 2500 多个结构，使用 CK 程序搜索高达上万个结构，图 3.2 展示了相对能量窗口在 3.03eV 以下的异构体结构。通过比较可以发现，前三个异构体均为纳米管状结构且相比于其他立体异构体和平面异构体在 DFT 级别上能量具有绝对优势。因此对 I，II，III 异构体又进行了基于限制性开壳层 HF 方法的非限制性耦合簇方法 ROHF-UCCSD(T) 级别下的单点能校正。发现该类体系的自旋污染可以忽略，且体系的 T1 诊断因子均小于 0.03，因此可以认为单 Slater 行列式可以较好地描述体系的波函数。MnB_{16}^- 的最稳定结构具有 C_{4v} 几何对称性和 $^3B_2$ 电子态构型，其中两个单电子分别在金属 Mn 原子和 B_{16} 簇上分布，形成独特的双自由基结构（讨论见后）。在最稳定构型 I 中，每个 B_8 环的 B—B 键距离落在 1.58～1.62Å，这和已报道的 CoB_{16}^- 中的 B—B 键距离相当[60]。

而对于 TaB_{20}^-，基于上千个 TGMin 程序搜寻得出的结构，列举了能量在 35kcal/mol 之内的异构体。有趣的是，异构体 1 和异构体 2 的能量在 DFT 级别下仅相差不到 5kcal/mol，CCSD(T) 校正后得到的相对能量更是不到 1kcal/mol，甚至低于同等级别下的计算误差精度，因此推测，二者在室温下可以共存。异构体 1 可以看成是由以 Ta 原子为中心的十八元管状结构和位于顶端的 B_2 单元所构成，即可写为 $[(B_2-Ta@B_{18})^-]$。在 $Ta@B_{18}$ 管状结构部分中，Ta—B 距离在 2.427～2.549Å，B_2 单元与 Ta 原子距离更近，达 2.202Å，甚至低于 Pyykkö 共价单键半径之和（2.31Å）[128]。异构体 2 则是一个完美的二十元管状结构，拥有非常高的 D_{10d} 几何对称性。计算所得 Ta—B 距离为 2.672Å，与单环轮状 Ta$\copyright$ B_{10} 中 Ta—B 键长相当（2.47Å）[99]。因此，认为异构体 1 和异构体 2 中金属 Ta 原子的配位数都高达二十，且异构体 2 拥有最大的管径 5.26Å，可以用作金属掺杂硼纳米管的基元体[17,60,129]。次稳定的异构体 3 能量在 CCSD(T)/VTZ 级别下高出约 17kcal/mol，由此可以确定异构体 1 和异构体 2 的能量绝对优势。为了比较三维立体结构和二维平面结构能量的高低,又选取了一部分较低能量的平面结构进行 CCSD(T)级别上的比较,如图 3.3 中最后一行的结构。不仅如此,团簇尺寸的增大可能会出现笼状结构,程序找出的第 87 号异构体则是一个稳定的具有 C_s 对称性的笼状结构,但能量相比于最优结构在 PBE0/TZP 级别下高出近 52kcal/mol。

图 3.4 展现了用 PBE/TZP 计算方法得到的 TaB_{20}^- 团簇在 70kcal/mol 能量范围以内的构型能谱分布。当相对能量在 55kcal/mol 以上时,会出现平面或准平面结构,如 70 号准平面异构体中心是一个九配位的 Ta 原子,104 号中心 Ta 与周围 8 个 B 原子配位而具有高达 69.09kcal/mol 的相对能量。除了最稳定的异构体 1,还发现另外两个能量很高的具有十八元管状结构的体系 5(15.13kcal/mol)和 32(33.70kcal/mol),不同的是,二者的 B_2 单元处于硼管外部,从而缺少与金属 Ta 原子的有效化学成键。

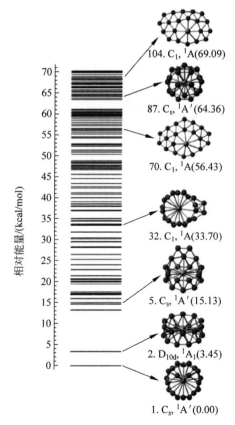

图 3.4　TaB_{20}^- 在 PBE/TZP 级别下的不同构型异构体的能量分布

3.3.2 成键规律及稳定性分析

分子轨道能级图是成键模式最直观的表现之一。本章研究的金属位于中心掺杂的管状体系均具有很高的对称性,因此在选择碎片时可以分别选取金属原子和硼原子骨架作为两部分碎片进行分析。早在 1964 年,Cotton 和 Haas 提出了 CH(Cotton-Haas)经验方法用于处理三金属原子平面体系[130],其将 d 轨道按照新坐标系进行指认,从而更直观地理解金属-金属成键作用。受此模型启发,在本章中采用依照右手定则分布的局域坐标体系(local coordinate system,LCS)[131-132],将穿过管状结构中每一层硼环的中心的方向定为 z 轴方向,x 轴指向环中心。对于硼的 2p 轨道,将指向环中心的轨道规定为 p_r,切于环的轨道称为 p_t,垂直于环平面的轨道命名为 p_v。

图 3.5 为局域坐标系下具有 C_{4v} 对称性的最稳定 MnB_{16}^- 异构体的分子轨道图。由图可以清晰看到在 $4b_2$(SOMO)和 $9a_1$(SOMO-1)分子轨道

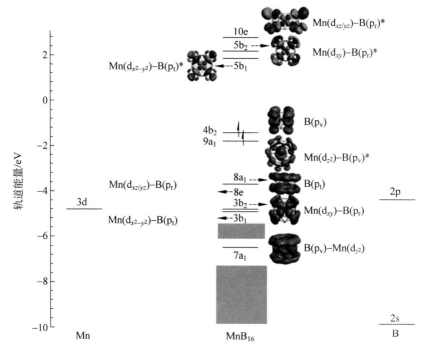

图 3.5 MnB_{16}^- 在 PBE0/TZP 计算水平下的正则分子轨道

轨道图形的等值面为 0.03 原子单位(a.u.)

上分别占有一个不成对电子。其中,$4b_2$ 是一个 B_{16} 管状框架的离域轨道,而 $9a_1$ 主要来源于中心 Mn 原子的 d_{z^2} 轨道贡献,这类新颖的金属-配体的双自由基体系第一次在过渡金属中发现,之前仅存在于一些镧系、锕系配合物中[133-135]。正由于这两个单电子的存在,引起了体系的姜-泰勒效应,致使其结构从 D_{8d} 对称性降低到了 C_{4v} 对称性。如果从 MnB_{16}^- 阴离子团簇电离一个电子,$9a_1$ 和 $8a_1$ 能级将趋于简并,这将进一步引发中性体系的二级姜-泰勒效应[136],MnB_{16} 将从 C_{4v} 对称性降低至 C_{2v} 对称性($^2A_1$ 电子态)。为了更定量地表征 Mn 与周围硼原子的结合能力,依据 Mn($^6A_{1g}$) + B_{16}^-($^2A_1$)⟶MnB_{16}^-($^3B_2$)反应,在 UCCSD(T)/6-311+G* //PBE0/TZP(基于 PBE0/TZP 优化的构型做 UCCSD(T)/6-311+G* 级别的单点能)计算水平下计算得到二者结合能为 650kJ/mol。而在 B_{16}^- 纯硼团簇中,管状结构要比最稳定的准平面构型高出近 150kJ/mol[137],这说明 Mn 和周围的 16 个 B 原子具有非常强的共价相互作用,稳定了该纳米管状团簇的存在。

  图 3.6 展示了 MnB_{16}^- 非限制性的 AdNDP 离域轨道分析,体系的 56 个价电子被分为四组。第一行列出的是中心 Mn 原子的单占 d_{z^2} 轨道(占据数是 0.99,接近 1.0)和 16 个二中心二电子(2c-2e)的 B—B σ 键(占据数是 1.78)。事实上,16 个 B—B σ 键也可被划分成为 16 个三中心二电子(3c-2e)离域 σ 键,这样占据数将被改进为接近于 2.0 的理想占据,而三中心键也更加接近硼团簇的成键特点[1,12-14]。余下的三行轨道均为中心 Mn 原子与 B_{16} 管状硼簇相互作用的离域轨道,"+"代表两个硼环轨道正向重叠,"−"代表反向重叠。第二行包括 3 个十六中心二电子(16c-2e)的纯粹两个硼平面之间的 σ+σ 型相互作用轨道,以及两个十七中心二电子(17c-2e)的表现为 Mn 的 $3d_{xy}$ 和 $3d_{x^2-y^2}$ 原子轨道和硼轨道相互作用的 σ+σ 型离域轨道。同理,第三行分别为 $B_8\cdots B_8$ 间的 16c-2e 离域 σ 型反键轨道,以及反映 Mn 的 $3d_{xz}$ 和 $3d_{yz}$ 原子轨道和硼轨道相互作用的 σ-σ 型 17c-2e 离域轨道。最后一行则是分布在 16 个 B 原子骨架上的 3 个 16c-2e 的 π-π 型离域轨道和 1 个 16c-1e 的单占 π-π 型离域轨道。这个单占的离域 π 轨道与图 3.5 的 SOMO 分子轨道相对应。

  AdNDP 和 MO 分析均表明 Mn 与 B_{16} 框架之间的主要键合相互作用来自 B 的径向(p_r)或切向(p_t)2p 轨道和 Mn 的 3d 轨道。这些键的相互作用表示提出了一种新的 3d 轨道成键模式。由 Mayer[138],G-J[139] 和 N-M(3)[140-141] 方法所得到的 Mn—B 键级分别为 0.28,0.25 和 0.26。由

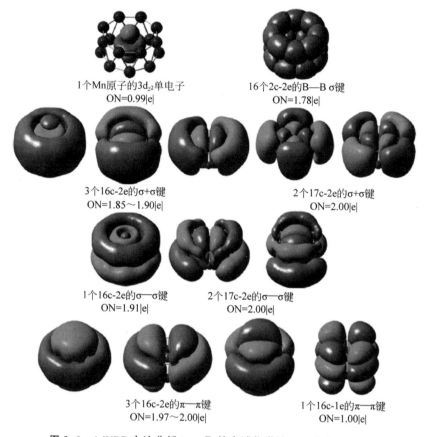

图 3.6 AdNDP 方法分析 MnB_{16}^- 的离域化学键（ON 代表占据数）

此可以推测出 Mn 和 B_{16} 之间有很强的主客相互作用。由 Mulliken[142]，Voronoi[143] 和 Hirshfeld[144] 电子布局方法分析自旋、电荷可知，无论是 MnB_{16}^- 阴离子体系还是 MnB_{16} 中性体系，Mn 原子的氧化态均为零，这更证明了 Mn 和 B_{16} 之间强烈的共价作用，这一发现丰富了过渡态金属的低价氧化态化学。

接下来，通过以上分析手段继续研究 TaB_{20}^- 体系。首先采用自旋限制的开壳层耦合簇方法计算了两个异构体的结合能 $Ta(5d^36s^2) + B_{20}^-(^2B_2/^2A) \longrightarrow TaB_{20}^-(^1A_1/^1A')$，1 和 2 计算出的结合能分别为 274.1kcal/mol 和 252.1kcal/mol。此外，多种方法得到的键级指数证明两个异构体中 Ta 和 B_{20} 相互作用明显，见表 3.1。在异构体 1 中总键级数（Mayer：6.02）高于管状异构体 2（Mayer：5.20），与异构体 1 在能量上具有略高的稳定性相符合。主要原因是异构体 1 中顶部的 B_2 单元可以与中心的 Ta 形成 3c-2e 共价键,而底部的 Ta—B_{18} 作用是经典的配位键,其键级与二茂铁$(C_5H_5)_2$Fe 中 Fe—C 键相当。如图 3.7 中 51a′和 53a′分子轨道所示,顶部 B_2 单元通过 p_π 轨道与 Ta 的 $5d_{z^2}$ 和 $5d_{yz}$ 轨道形成强烈的共价键。31a″,50a′和 32a″展现了底部 B_{18} 的径向 2p 轨道($2p_r$)和 Ta 原子的 $5d_{xy}/d_{yz}/d_{x^2-y^2}$ 化学相互作用。

表 3.1 TaB_{20}^- 中 Ta—B 键在不同计算方法下得到的键级值

		R	Mayer		Wiberg		G-J		N-M(1)		N-M(3)	
		(Ta—B)	每	总	每	总	每	总	每	总	每	总
1	B_2	2.202	0.49	6.02	0.53	5.74	0.56	6.88	0.59	7.12	0.58	7.10
	B_{18}	2.496	0.28		0.26		0.32		0.33		0.33	
2		2.672	0.26	5.20	0.25	5.00	0.22	4.40	0.27	5.40	0.24	4.80

注:"每"指每个 Ta—B 键级;"总"指各异构体中总 Ta—B 键级。

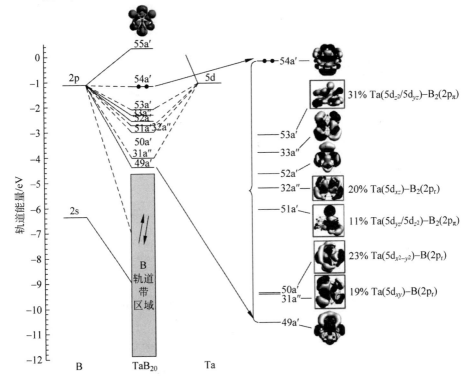

图 3.7 PBE/TZP 级别下 TaB_{20}^- 异构体 1 的能级图(见文前彩图)

红色框中轨道对应 Ta 和 B_{20} 相互作用

在异构体 1 中，B_2 的存在使得体系对称性很低，只表现为 C_s 对称性。为了更加清晰地研究成键模式和 B_2 单元的具体作用，本部分将对具有 D_{9d} 对称性的底部 Ta@B_{18}^- 团簇加以分析。经计算证明，在 Ta@B_{18}^- 中，最高占据分子轨道(highest occupied molecular orbital, HOMO)-最低空轨道(lowest unoccupied molecular orbital, LUMO)间隙高达 1.76eV，简并的 HOMO 轨道 $6e_g$ 被两个单电子占据。因此如果在体系中引入额外两个电子，则会进一步稳定体系从而使之成为闭壳层分子 Ta@B_{18}^{3-}。而 B_2 单元恰好可以向底部十八元管给予两个电子，这也为异构体 1 为全局最优的事实提供了有力证明。

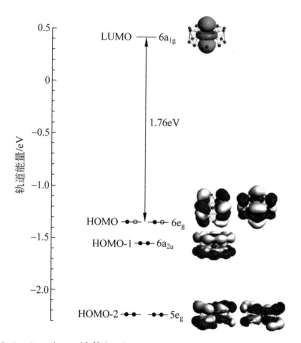

图 3.8　PBE/TZP 计算级别下 TaB$_{18}^-$ 的分子轨道图（见文前彩图）

其中两个空心红圈代表 HOMO 轨道需要获得额外两个电子成为闭壳层 TaB$_{18}^{3-}$($^1A_1$)团簇

针对高对称的金属掺杂硼纳米管异构体 2，类比 MnB$_{16}^-$ 的分析方式对其同样进行 AdNDP 分析(图 3.9)。图 3.9(a)是两个错位排列的 B_{10} 环中二十个 2c-2e 的 B—B σ 键。图 3.9(b)和图 3.9(c)展现了离域在 B_{20} 团簇上的三个 20c-2e 的 σ+σ 型离域成键。与之对应的是如图 3.9(e)所示的 20c-2e 的 σ—σ 型离域反键。第二行中的 d 组轨道不仅包含环与环之间的

σ+σ 型作用,还显示了硼簇与 Ta 金属的 $5d_{xy}$ 和 $5d_{x^2-y^2}$ 原子轨道的相互作用。同样地,图 3.9(f)的轨道反映了 Ta 的 $5d_{xz}$ 和 $5d_{yz}$ 与周围硼原子的相互作用。最后一行是 5 个 20c-2e 的离域 π—π 键。总结来看,第二、第三、第四行分别为 10 个电子占据的 σ+σ 键、6 个电子占据的 σ—σ 键、十个电子占据的 π—π 键,分别符合休克尔($4n+2$)芳香性规则,因此该金属掺杂硼纳米管状体系具有独特的三重芳香性。

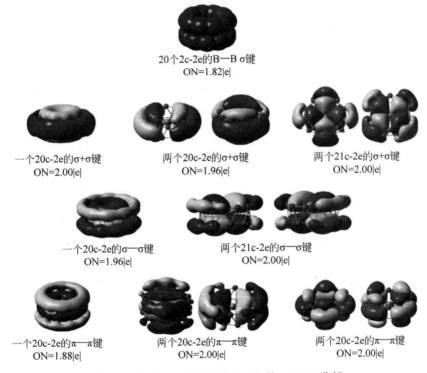

图 3.9　具有 D_{10d} 对称性的 TaB_{20}^- 的 AdNDP 分析

3.3.3　动力学稳定性

异构体 1 中,B_2 二聚体位于 $Ta@B_{18}$ 管的顶部,B—B 键较强,键长为 1.588Å,二聚体与管体外围的键较弱,距离为 1.725Å 和 1.855Å,为两种不等价的 B—B 键。考虑到 B_{18} 管外围有九个可用的 B 点进行配位,一个有趣的问题是 B_2 单元是否可以绕着底部的 $Ta@B_{18}$ 自由旋转。为了理解旋转过程中的能垒,寻找了同分异构体 1 的两个相邻结构之间可能的过渡态

(transition state,TS),如图 3.10 所示。在 PBE0/VTZ 计算级别下,一阶鞍点 C_s 结构被定义为 TS,有且仅有一个虚频为 93i cm^{-1}。这个具有 C_s 对称性的 TS 在硼管的顶部有一个 B_5 五边形,包括 B_2 二聚体单元和 Ta@B_{18} 管上的三个外围 B 原子,能量势垒在 CCSD(T)/VTZ 计算级别下仅为 1.13kcal/mol。分子动力学模拟计算表明,B_2 单元在 900K 时几乎可以自由绕 Ta@B_{18} 金属掺杂硼纳米管的分子轴旋转(图 3.11)。旋转一圈时,势能面上存在九个等效位置形成全局极小值($GM_i, i=1\sim9$),每一步旋转角度为 40°。相应地,在九个全局极小值之间形成了九个等价的过渡态结构 $TS_{ij}(i,j=1\sim9)$。因此,TaB_{20}^- 的异构体 1 可以描述为管状分子转子。当

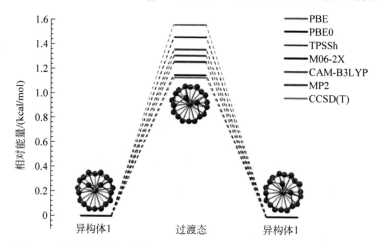

图 3.10 不同计算级别下 TaB_{20}^- 的异构体 1 的旋转势垒(见文前彩图)

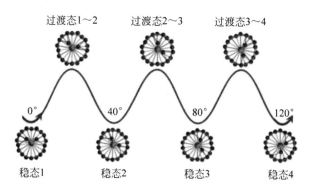

图 3.11 异构体 1 中 B_2 二聚体顺时针绕着 Ta@B_{18} 单元旋转

GM_i 和 $TS_{i-j}(i,j=1\sim4)$ 分别代表每转 40° 的全局最稳态和过渡态,过渡态计算级别为 CCSD(T)

转子在管顶部形成六角形孔时,系统达到其全局最小值。相反地,当孔变成五边形时,系统就会进入换位状态。之前在 B_{19},B_{13}^+ 和 B_{18}^{2-} [145-148] 中发现过平面硼团簇的类似内部旋转,在计算上也考虑过一系列平面 C—B 团簇(C_2B_8,$C_3B_9^{3+}$ 和 $C_5B_{11}^+$)中的碳碎片的旋转[149]。然而,这些 C—B 团簇都是理论假设猜想的,因为碳已经被证明更倾向于在掺碳硼团簇的外围位置[150-152]。管状 B_2-Ta@B_{18}^-(异构体 1)呈现了一种与篮状 [B_2-$C_2B_8H_{12}$]$^{2-}$ 完全不同的新型内部旋转,后者是 [$C_2B_{10}H_{12}$]$^{2-}$ 异构化的过渡态[153]。因此,该异构体可以被看成是一类管状分子马达。

3.3.4 电子激发态和光电子能谱

本节针对以上确定的 MnB_{16}^- 和 TaB_{20}^- 全局最优结构进行电子结构的分析,并模拟了光电子能谱进而与实验谱图比较,确定了体系的真实存在。通过计算阴离子最稳定结构下中性体系的能量和阴离子最稳结构的能量差得到体系的第一垂直电离能(the first vertical detachment energy,VDE1),通过计算中性体系最优结构的能量和阴离子最优结构的能量差得到绝热电离能(adiabatic detachment energy,ADE)。表 3.2 列出了 PBE,PBE0 和 CCSD(T)计算得到的 MnB_{16}^-(C_{4v},$^3B_2$)异构体的 VDE1 和 ADE 值,与实验值高度吻合。VDE1 和 ADE 的差值的大小反映了阴离子和中性最稳构型的几何结构变化的程度,由此表可知,MnB_{16}^- 的阴离子和中性体系几何变化并不大(图 3.12)。

表 3.2 在多种计算级别下全局最优 MnB_{16}^-(C_{4v},$^3B_2$)
异构体的 VDE1 和 ADE 值   eV

第一垂直电离能(VDE1)			绝热电离能(ADE)[a]		
PBE	PBE0	CCSD(T)[b]	PBE	PBE0	CCSD(T)[b]
2.80	2.90	2.72	2.60	2.61	2.66

注:[a] 已进行零点能校正,ADE 实验值为 2.71(8)eV。
[b] 在 PBE0 密度泛函优化的结构基础上做 CCSD(T)单点能计算。

接下来,对中性 MnB_{16} 采用 ΔSCF-TD-SAOP 方法计算模拟 MnB_{16}^- 具有更高激发能的 VDEn,计算结果列于表 3.3。表中的 VDE1 与实验值对齐,四重态的能量通过自旋翻转的 TDDFT 方法获得。图 3.13 为对应的实验和模拟的光电子能谱图,二者基本上具有一一对应的关系。X 谱峰(2.90eV)近似对应电子从 $4b_2$ 离域硼轨道上电离(图 3.5),之后的 A~F

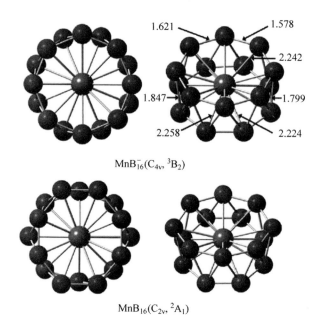

图 3.12 PBE0/TZP 优化得到的 MnB_{16}^- 和 MnB_{16} 的结构参数、对称性和光谱项

峰均包含多个电子跃迁态。其中，3.43eV 峰值处所对应的为 Mn 的 $3d_{z^2}$ 单占轨道上的电子电离，余下的电离能均对应电子从金属 Mn 与周围 B 原子相互作用的成键轨道上打出的能量，因此，谱峰强度相对于 X 峰较高。不难看出，光电子能谱可以看成是体系电子结构的指纹验证，从谱峰的相对位置可以推测出能级的排布情况。

表 3.3 使用 TD-SAOP/TZP 方法计算得到的 MnB_{16}^-(C_{4v}, $^3B_2$) 体系的 VDE 值及与实验值的比较   eV

谱峰	VDE（实验）	电子态及电子构型	VDE（计算）
X	2.89(8)	$^2A_1$, $\cdots 6e^4 3b_1{}^2 3b_2{}^2 7e^4 8e^4 8a_1{}^2 9a_1{}^1 \mathbf{4b_2^0}$	2.90
A	3.61(6)	$^2B_2$, $\cdots 6e^4 3b_1{}^2 3b_2{}^2 7e^4 8e^4 8a_1{}^2 \mathbf{9a_1^0} 4b_2{}^1$	3.43
		$^4B_2$, $\cdots 6e^4 3b_1{}^2 3b_2{}^2 7e^4 8e^4 \mathbf{8a_1^1} 9a_1{}^1 4b_2{}^1$	3.45
		$^2B_2$, $\cdots 6e^4 3b_1{}^2 3b_2{}^2 7e^4 8e^4 \mathbf{8a_1^1} 9a_1{}^1 4b_2{}^1$	3.57
B	4.28(6)	^4E, $\cdots 6e^4 3b_1{}^2 3b_2{}^2 7e^4 \mathbf{8e^3} 8a_1{}^1 9a_1{}^1 4b_2{}^1$	4.24
		$^2B_2$, $\cdots 6e^4 3b_1{}^2 3b_2{}^2 7e^4 8e^4 \mathbf{8a_1^1} 9a_1{}^1 4b_2{}^1$	4.40

续表

谱峰	VDE（实验）	电子态及电子构型	VDE（计算）
C	约5.3	$^2E,\cdots 6e^4 3b_1{}^2 3b_2{}^2 7e^4 \mathbf{8e^3} 8a_1{}^2 9a_1{}^1 4b_2{}^1$	5.19
		$^4A_2,\cdots 6e^4 \mathbf{3b_1}{}^1 3b_2{}^2 7e^4 8e^4 8a_1{}^2 9a_1{}^1 4b_2{}^1$	5.37
D	约5.5	$^4A_1,\cdots 6e^4 \mathbf{3b_1}{}^2 3b_2{}^2 7e^4 8e^4 8a_1{}^2 9a_1{}^1 4b_2{}^1$	5.43
		$^2E,\cdots 6e^4 3b_1{}^2 3b_2{}^2 \mathbf{7e^3} 8e^4 8a_1{}^2 9a_1{}^1 4b_2{}^1$	5.46
		$^4E,\cdots 6e^4 3b_1{}^2 3b_2{}^2 \mathbf{7e^3} 8e^4 8a_1{}^2 9a_1{}^1 4b_2{}^1$	5.50
E	约5.7	$^2E,\cdots 6e^4 3b_1{}^2 3b_2{}^2 \mathbf{7e^3} 8e^4 8a_1{}^2 9a_1{}^1 4b_2{}^1$	5.94
F	约6.0	$^2A_2,\cdots 6e^4 \mathbf{3b_1}{}^1 3b_2{}^2 7e^4 8e^4 8a_1{}^2 9a_1{}^1 4b_2{}^1$	6.20
		$^2A_1,\cdots 6e^4 3b_1{}^2 \mathbf{3b_2}{}^1 7e^4 8e^4 8a_1{}^2 9a_1{}^1 4b_2{}^1$	6.28
		$^2E,\cdots \mathbf{6e^3} 3b_1{}^2 3b_2{}^2 7e^4 8e^4 8a_1{}^2 9a_1{}^1 4b_2{}^1$	6.34
		$^4E,\cdots \mathbf{6e^3} 3b_1{}^2 3b_2{}^2 7e^4 8e^4 8a_1{}^2 9a_1{}^1 4b_2{}^1$	6.38

注：粗体代表电子激发的轨道。

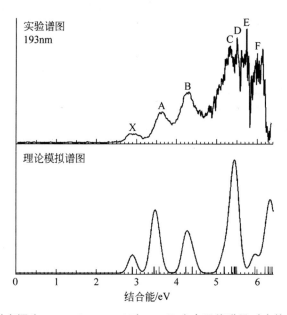

图3.13 入射光源为193nm(6.424eV)时MnB_{16}^-光电子能谱及对应的理论模拟谱图

同样地，TaB_{20}^-两个异构体VDE1和ADE的计算值和实验值见表3.4。不出所料，具有"黄金计算标准"之称的CCSD(T)方法与实验值吻合较好。异构体1和异构体2所有的垂直电离能和终态电子构型列于表3.5，

图 3.14 为模拟谱图和实验谱图。在入射光源为 193nm、温度为室温时,谱图中呈现五个高强度的宽峰(X,A~D)和一个可辨别的位于 X 峰和 A 峰之间的 X′ 峰,此特征峰在室温、266nm 光源下表现更为明显。这也说明在 TaB_{20}^{-} 体系中除了全局最小结构外,存在着其他贡献较小的异构体,与整体谱图具有多个分辨率较高的谱峰这一事实相符。

表 3.4　在多种计算级别下 TaB_{20}^{-} 异构体 1 和异构体 2 的 VDE1 和 ADE 值

eV

		异构体 1	异构体 2
VDE1	PBE	3.02(3.02)	3.49(3.50)[a]
	PBE0	3.02(3.03)	3.59(3.60)
	CCSD(T)	3.14	3.66
	实验值	3.30(5)	3.63(5)
ADE	PBE	2.86(2.87)	3.42(3.43)
	PBE0	2.87(2.88)	3.49(3.50)
	CCSD(T)	3.05	3.65
	实验值	2.95	—

注:[a] 括号里的值为经过旋轨耦合效应校正后的能量。

表 3.5　使用 TD-SAOP/TZP 方法计算得到的 TaB_{20}^{-} 体系中异构体 1 和异构体 2 的 VDE 值及与实验值的比较

eV

谱峰	VDE (实验)	电子态及电子构型	VDE (计算)
X	3.30(5)	1:$(^2A')\cdots 49a'^2 50a'^2 31a''^2 51a'^2 32a''^2 52a'^2 33a''^2 53a'^2\mathbf{54a'^1}$	3.14
X′	3.63(5)	2:$(^2A_1)\cdots 13e_2^4 17e_1^4 18e_1^4 14e_2^4 \mathbf{21a_1^1}$	3.66
		2:$(^2E_2)\cdots 13e_2^4 17e_1^4 18e_1^4 \mathbf{14e_2^3} 21a_1^2$	4.08
A	4.29(6)	1:$(^2A')\cdots 49a'^2 50a'^2 31a''^2 51a'^2 32a''^2 52a'^2 \mathbf{33a''^1} 53a'^2 54a'^2$	4.23
		1:$(^2A'')\cdots 49a'^2 50a'^2 31a''^2 51a'^2 32a''^2 52a'^2 \mathbf{33a''^1} 53a'^2 54a'^2$	4.32
		2:$(^2E_1)\cdots 13e_2^4 17e_1^4 \mathbf{18e_1^3} 14e_2^4 21a_1^2$	4.49
B	4.86(6)	1:$(^2A')\cdots 49a'^2 50a'^2 31a''^2 51a'^2 \mathbf{32a''^1} 52a'^2 33a''^2 53a'^2 54a'^2$	4.57
		1:$(^2A'')\cdots 49a'^2 50a'^2 31a''^2 \mathbf{51a'^1} 32a''^2 52a'^2 33a''^2 53a'^2 54a'^2$	4.76
C	5.22(5)	1:$(^2A')\cdots 49a'^2 50a'^2 \mathbf{31a''^1} 51a'^2 32a''^2 52a'^2 33a''^2 53a'^2 54a'^2$	5.21

续表

谱峰	VDE（实验）	电子态及电子构型	VDE（计算）
D	6.0(1)	1：($^2A''$)…$49a'^2 50a'^2 \mathbf{31a''^1} 51a'^2 32a''^2 52a'^2 33a''^2 53a'^2 54a'^2$	6.02
		2：($^2E_1$)…$13e_2^4 \mathbf{17e_1^3} 18e_1^4 14e_2^4 21a_1^2$	6.08
		2：($^2E_2$)…$\mathbf{13e_2^3} 17e_1^4 18e_1^4 14e_2^4 21a_1^2$	6.26
		1：($^2A'$)…$49a'^2 \mathbf{50a'^1} 31a''^2 51a'^2 32a''^2 52a'^2 33a''^2 53a'^2 54a'^2$	6.28
		1：($^2A'$)…$\mathbf{49a'^1} 50a'^2 31a''^2 51a'^2 32a''^2 52a'^2 33a''^2 53a'^2 54a'^2$	6.41

注：粗体代表电子激发的轨道。

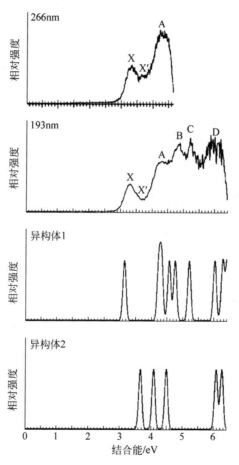

图 3.14　入射光源为 266nm（4.661eV）和 193nm（6.424eV）时 TaB_{20}^- 的光电子能谱及对应的异构体 1 和异构体 2 的理论模拟谱图

值得一提的是，异构体 2 拥有 D_{10d} 的高对称性，反映在谱图中表现为谱图结构简单、谱峰之间相对独立。但由于更稳定的异构体 1 的存在，使得整体谱图无法清晰观测到异构体 2 的每一个特征峰，只有 X′ 峰显现出来。

3.4 总结与展望

在本章介绍的工作中，使用理论计算方法，利用不同的金属元素 Mn 和 Ta 分别与不同尺寸的硼团簇 B_{16} 和 B_{20} 构筑了金属掺杂硼纳米管状体系 MnB_{16}^- 和 TaB_{20}^-。模拟的光电子能谱与实验谱图高度吻合，验证了体系的真实存在。金属的 nd 轨道和管状硼簇的离域轨道形成了强烈的共价相互作用，维持了整体稳定性。独特的多重芳香性为体系提供了额外的稳定化能。在 MnB_{16}^- 中，首次发现了 3d 周期过渡金属体系的双自由基现象；TaB_{20}^- 是至此为止报道的具有最高配位数的管状体系。

从几何结构到电子结构，本章的工作丰富了金属硼团簇的种类，接下来还可从以下方面进行拓展研究：

（1）探索新颖电子结构和成键规律。得益于缺电子特性，硼很容易形成独特的离域化学成键，拓展芳香性的概念。基于此，可以深入挖掘金属与硼轨道的作用机理和氧化态的变化规律。

（2）建立团簇和材料的内在联系。以具有高对称性的金属掺杂硼团簇为基元，扩展到三维无限空间形成稳定的周期性材料。从几何结构的联系、化学成键的相似性解释材料的稳定性来源，建立分子级别团簇和三维固体的桥梁，以更深入具体地理解二者的各类物理化学性质。

（3）挖掘几何多样性。在纯硼簇体系中，管状体系被实验和理论计算共同证实为具有较高能量的异构体，但金属的掺杂可以使硼簇更早地形成纳米管状结构。TaB_{20}^- 是管径最大的金属掺杂硼纳米管状体系，可在进一步的工作中结合实验寻找管径最小的体系来丰富硼簇的结构多样性。随着团簇尺寸的变化和掺杂金属种类的不同，不同几何结构类型的相对能量会发生巨大变化，除了金属掺杂硼纳米管外，类似于碳团簇，还有可能形成金属掺杂硼墨烯、金属掺杂硼球烯等结构。针对这一问题，第 4 章将进行详细讨论。

第 4 章 过渡金属掺杂平面硼团簇——金属掺杂硼墨烯

4.1 引 言

硼的缺电子性质不仅引起了体相中的各种多形异构体,而且很多具有特殊结构的体系和多中心键的形成均与此有关[1]。不同于块体硼材料,理论计算和实验研究均证实当阴离子硼团簇小于一定尺寸时(B_n^-, $n=3\sim 30, 35\sim 38$),体系的最稳结构均呈现平面状构型[18-19,36,154-156]。硼不能形成像石墨烯那样的六边形单层,而会通过填充六边形硼层得到弯曲的三角形硼晶格[43-46]。具有不同孔型和孔密度的单层硼结构已被一些理论研究预测[7-8],2014 年气相平面硼团簇 B_{36} 被成功合成并表征,由此"硼墨烯"的概念被正式提出[18]。之后,相关计算研究预测在合适基底上可能实现单层硼墨烯的合成,特别是 Ag(111) 表面[48-50]。不出所料,2015 年,Mannix 等人在银表面用原子沉积的手段成功合成了硼墨烯材料。通过对高分辨率 STM 成像与理论模拟的比较,得出单层硼由弯曲的三角形晶格组成[23]。几乎同时地,Feng 等人利用类似方法在进行的一项独立研究中报道了在带有六角形孔洞的银表面上的硼墨烯[24]。此外,Tai 等人最近的另一项研究报道了在铜表面上生长的 γ-B_{28} 二维薄膜,它可看成是通过 B_2 单元插入的 B_{12} 笼构成[157]。这些实验合成方面的快速发展为硼墨烯在纳米科学和纳米技术中的可能应用铺平了道路。

与石墨烯不同,硼墨烯似乎表现出显著的结构多样性。一个有趣且关键的问题是作为新型二维材料,硼墨烯表面能否被杂原子掺杂从而平衡硼材料的电子分布?在发现 B_8^- 和 B_9^- 团簇的平面轮毂结构后[21],理论计算研究中考虑了将中心硼原子用金属原子替代形成类似的金属掺杂硼环[158-160]。虽然主族元素 Al 掺杂的硼团簇被发现不倾向于形成金属在中央的轮状结构[41,161-162],但过渡金属由于具有更多的 d 轨道参与化学成键

而更易于形成 $MⓒB_n^-$ 的车轮状结构[22]。

第3章中讨论了金属掺杂硼纳米管状结构,如引言所述,CoB_{16}^- 是第一个被发现的该类团簇。受此研究的启发,基于小尺寸硼团簇呈现平面或准平面结构的事实,可以猜想,如果适当扩大硼团簇的尺寸,体系是否会形成平面状的金属掺杂硼墨烯结构,称为 metallo-Borophene。

本章将围绕 CoB_{18}^- 和 RhB_{18}^- 两个体系对金属掺杂硼墨烯基元进行展开,深入研究其几何和电子结构、成键特性及光谱特征。为了验证理论计算的合理性和可靠性,我们与美国布朗大学王来生教授实验课题组合作,相互辅证,为实现金属掺杂硼墨烯材料提供新思路。

4.2 计算方法及细节

本章使用的计算方法和第3章所述基本相同,细节在此不再赘述。采用 TGMin2.0 搜寻 CoB_{18}^- 和 RhB_{18}^- 的可能异构体。初始计算都使用 ADF 量化软件(ADF2016.101 版本)、PBE 泛函[104]和 DZP Slater 型基组。针对不同结构类型、自旋多重度总计搜索大于 5000 个有效结构。为得到更为精确的相对能量,与第3章采取方式类似,采用 ADF 软件中 PBE、PBE0 泛函[105]和 TZP 基组及 Molpro(2012 版)中 CCSD(T)波函数方法校正低能量异构体的相对能量值。每个低能量异构体均通过简谐振动频率计算确定其为势能面上极小点,计算出的零点能用来校正异构体的相对能量。在密度泛函计算中,使用小冻结核近似以节省计算量,对 B 冻结至 $[1s^2]$,对 Co 冻结至 $[1s^2\text{-}2p^6]$,对 Rh 冻结至 $[1s^2\text{-}3d^{10}]$。在 CCSD(T)计算中,其计算量与基函数数目的 7 次方成正比例关系,因此,如采用 CCSD(T)全几何变量优化将耗时巨大,通常在密度泛函优化的几何构型基础上以单点运算校正能量。本章中,在 PBE0/TZP 全放开优化的构型基础上做 CCSD(T)计算单点能。B 采用全电子 cc-pVTZ 基组,Co 和 Rh 均采用斯图加特大学开发的能量一致性 ECP10MDF 相对论赝势和对应的叁-ζ 型基组[116-117,163]。

最稳定结构和一些低能量异构体的垂直电离能通过 TDDFT 和 SAOP 模型获得,这种方法已被证明在计算具有长程相互作用的过渡金属体系激发能时表现良好。CoB_{18}^- 和 RhB_{18}^- 化学键的研究同样采用 AdNDP 方法,获得的离域轨道由 GaussView[164]画图得到。在计算体系的结合能时,采用以下反应:$Co + B_{18}^- \longrightarrow CoB_{18}^-$,并对能量进行限制性开壳层 ROCCSD(T) 计算以进一步校正。

4.3 结果与讨论

4.3.1 CoB_{18}^-——第一个可作为金属掺杂硼墨烯单元的完美平面

1. 几何结构确定

图 4.1 详细地列出了 CoB_{18} 一价阴离子和中性结构的几何参数,二者几何结构变化并不明显。在做全局最优搜索之前,首先猜想 CoB_{18}^- 可能与 CoB_{16}^- 类似,形成金属掺杂硼纳米管状结构,因此选取此种子结构进行结构搜索。同时,为了尽可能遍历势能面,还找寻了平面状结构及不同自旋多重度的异构体。

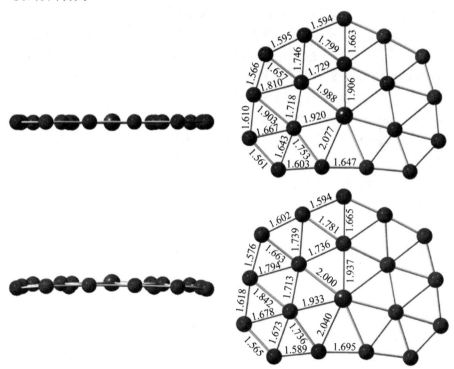

图 4.1 标量相对论 PBE0/TZP 级别下 $CoB_{18}^-(C_{2v},{}^1A_1)$ 和 $CoB_{18}(C_s,{}^2A')$ 的几何结构参数

图 4.2 为相对能量在 50kcal/mol 以内的异构体，均通过频率振动分析验证了其确实为势能面上的极小点。全局最优结构是具有 C_{2v} 对称性的闭壳层完美平面结构，通过比较还可以发现一个明显的规律，CoB_{18}^- 的立体构型远不如平面或准平面构型稳定。特别地，预想的 Co 原子在中心的 Co@B_{18}^- 管状体系（异构体 XIX）在 CCSD(T) 级别下能量高出最稳定平面结构高达 25.84kcal/mol。

在搜索得到的结构中，第一个出现的立体结构是图 4.2 所示的 VI 异构体，其可以看成是在 CoB_{16} 管状体系结构的基础上，外围多出了额外的两个 B 原子。因此可以得出初步结论：B_{18} 形成的管子管径太大，不足以与中心的 Co 原子形成有效轨道重叠，因此降低了体系的稳定性。相反地，异构体 I 的平面结构中 Co 与周围的七个 B 原子紧密堆积，可以形成有效的化学成键。异构体 II 和 V 中 Co 原子分别在平面中与 8 个 B 原子配位，但能量不如七元配位稳定。

如图 4.1 所示，阴离子体系表现出了完美的平面结构，而打掉一个电子之后中性体系呈现出微小翘曲，和以前发现的平面硼团簇现象一致[12-13,165]。CoB_{18}^- 中最外围 B—B 键键长在 1.56～1.65Å，要比内部的 B—B 键长（1.66～1.90Å）短。而 Co 和第一配位层的七个 B 具有强烈的共价相互作用，使得体系得以以平面结构保持较高稳定性。七个 Co-B 键的键长在 1.91～2.08Å，和 Pyykkö 共价半径之和（1.96Å）相当。

这里需要指出的是，CoB_8^- 体系为 Co 原子与周围 8 个 B 原子配位的轮状结构[166]，B—B 键和 Co—B 键的键长分别为 1.56Å 和 2.03Å。而在 CoB_7^- 中 B_7 环尺寸太拥挤，无法与 Co 形成最佳化学成键，因此其无法形成金属位于中心的单轮状结构[167]。然而，在 CoB_{18}^- 中，Co 第一配位层的 7 个 B—B 键中有 6 个是 B—B 键长度较长的平面内的化学键（>1.7Å），为 Co 原子创造了一个完美的空间，使其与周围的硼原子进行最优的共价相互作用。相比之下，8 个 B 原子配位的同分异构体 II 的能量更高（图 4.2）。

最优的 B—B 键和 Co—B 键长匹配也可以用来解释为什么 CoB_{18}^- 无法形成类似 CoB_{16}^- 的 D_{9d} 管状结构。在 CoB_{16}^- 中，在每个 B_8 环中 B—B 键长度为 1.59Å，环与环之间的 B—B 距离为 1.80Å，而 Co—B 键长度为 2.22Å。尽管 CoB_{16}^- 内的 Co—B 键长度长于 Pyykkö 半径之和，但是由于 Co 与 B 的配位数很高，这一距离足以保证 Co 与 B_{16} 框架间较高的结合能。而在具有 D_{9d} 对称性的管状结构 CoB_{18}^- 中，Co—B 距离为 2.45Å，对于 Co 原子

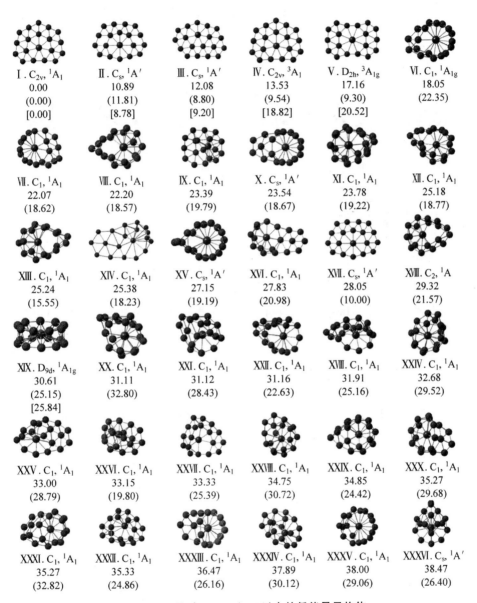

图 4.2 CoB_{18}^- 在 50kcal/mol 以内的低能量异构体

不带括号数值代表 PBE/TZP 级别下的相对能量，小括号内为 PBE0/TZP 级别下能量，中括号为 CCSD(T) 级别下能量

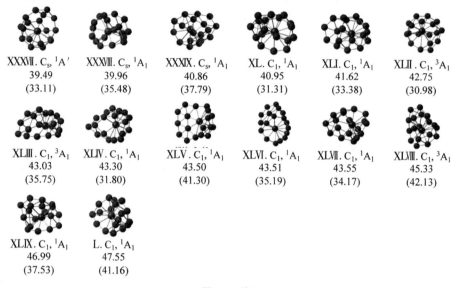

图 4.2（续）

来讲无法与周围的硼原子形成有效化学重叠。因此，金属与硼之间的相互作用决定了金属掺杂硼团簇的几何构型。

2. 电子结构和化学成键

本节采用不同化学键分析方法讨论最稳定的 C_{2v} 平面结构的电子结构和成键方式。图 4.3 展现了体系的分子轨道能级图，标红的为 3d 轨道的贡献情况，其余均为 B 轨道作用为主的分子轨道。

$14a_1,3a_2,3b_1$ 分别为 Co 的 $3d_{z^2},3d_{yz},3d_{xz}$ 原子轨道，并未参与或少部分参与和 B 的化学成键。具体每一个分子轨道的图形列于图 4.4 中。通过对 3d 电子的积分及 Mulliken 电荷（8.09）分析，发现 CoB_{18}^- 化合物中 Co 以 +1 价形式存在，这丰富了不常见的一价金属化合物[168-169]。

采用自旋限制性的开壳层 ROCCSD(T)方法计算 $Co(3d^74s^2)$ + $B_{18}^-(^2A_1) \longrightarrow CoB_{18}^-(^1A_1)$ 的结合能为 162.46kcal/mol（零点能校正后），以此来衡量 Co 与周围 B 原子的相互作用。在 PBE0/TZP 级别下，B_{18}^- 优化出的平面结构要比其本身最稳定的 C_{3v} 构型高出 49.21kcal/mol。由此可推测，C_{2v} 对称性的 B_{18}^- 单元从掺杂的 Co 原子中夺取一个电子形成 $Co^+ \in B_{18}^{2-}$，总之，共价轨道和静电作用共同导致了体系的高度热力学稳定性。

为了进一步了解 CoB_{18}^- 的结构和稳定性，在 PBE0/def2-TZVP 水平

第4章 过渡金属掺杂平面硼团簇——金属掺杂硼墨烯

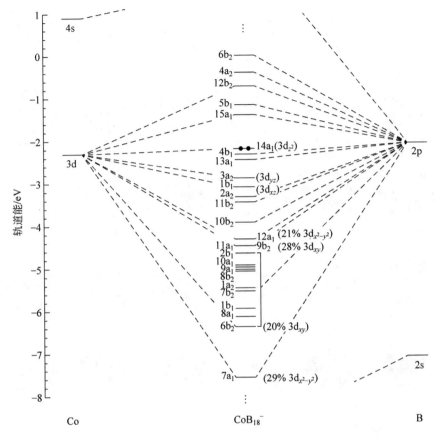

图 4.3 CoB_{18}^- 的分子轨道能级图（见文前彩图）

图中双占的 $14a_1$ 为 HOMO 轨道

上，采用 AdNDP 方法对其离域化学键进行了分析。AdNDP 分析的结果包括局域和非局域多中心键，为复杂的分子系统提供了一幅化学直观的键合图。如图 4.5 的三行轨道所示，AdNDP 分析将 CoB_{18}^- 的 32 个标准分子轨道转化为三种类型键。第一行为 $Co(3d_{z^2}, 3d_{xz}, 3d_{yz})$ 上的 3 对孤对电子，占据数为 1.83~1.99，即 0.01~0.17 e 参与与周围硼原子的 π 型成键。Co 的另外两个 3d 轨道（$3d_{x^2-y^2}$ 和 $3d_{xy}$）参与了与周围 7 个 B 原子的 σ 型成键，如图 4.5 中中间的轨道所示。中间行显示三种类型的 σ 成键，包括 13 个 2c-2e 的外围 B—B σ 轨道（占据数在 1.82~1.92 范围内），Co 原子主要通过 6 个 4c-2e 离域 σ 键与周围的 B_7 环成键，其中包括 $3d_{x^2-y^2}$ 和 $3d_{xy}$ 轨道。内部的 B_7 环和外部的 11 个 B 原子通过 5 个 4c-2e 离域 σ 键结合。

图 4.4 CoB_{18}^- 的分子轨道图

等值面为 0.03 原子单位

图 4.5 中的第三行显示了 5 个全局离域的 π 键,它们满足芳香性的 $(4n+2)$ 休克尔规则。因此,芳香性是其高稳定性的又一主要因素。

为了弄清中间 Co 与周围 B 不同轨道相互作用的大小,采用 ETS-NOCV 的手段将体系分为 Co^+ 和 B_{18}^{2-} 片段进行分析,得到图 4.6 中显示不同电子流向的相互作用。表 4.1 列出了能量分解数值及每一个轨道具体的贡献大小和比例。ΔE_1 和 ΔE_2 相应的轨道分别占据总轨道作用的 47% 和 41%,对应 $d_{x^2-y^2}$ 和 d_{xy} 与周围 B 的相互作用,与之前分子轨道分析一致。

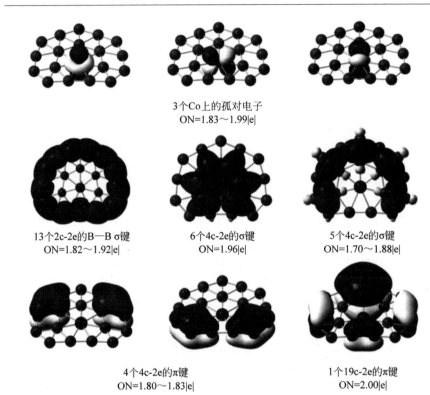

图 4.5　PBE0/def2-TZVP 计算方法下 CoB_{18}^- 的 AdNDP 分析

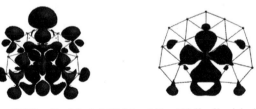

$\Delta\rho_1$ ΔE_1=−205.9kcal/mol; $|\nu_1|$=1.09|e|　$\Delta\rho_2$ ΔE_2=−180.8kcal/mol; $|\nu_2|$=0.79|e|

$\Delta\rho_3$ ΔE_3=−22.8kcal/mol; $|\nu_3|$=0.72|e|　$\Delta\rho_4$ ΔE_4=−21.8kcal/mol; $|\nu_4|$=0.60|e|

图 4.6　CoB_{18}^- 的电子密度形变图（见文前彩图）

等值面为 0.002 原子单位,电子从红色区域流向蓝色区域

表 4.1　CoB_{18}^- 的 ETS-NOCV 能量分解分析　　kcal/mol

泡利排斥	静电作用	轨道作用					固有结合能
		ΔE_1	ΔE_2	ΔE_3	ΔE_4	ΔE_{sum}	
455.8	−464.6	−205.9 (47%)	−180.8 (41%)	−22.8 (5%)	−21.8 (5%)	−437.4	−446.3

过渡金属原子掺杂到硼网络形成的完美平面结构是前所未有的。在 $n>9$ 的硼簇中,真正的平面结构往往包含四方、五方或六方缺陷[13,20]。三角形晶格总是表现出平面外的畸变,就像无限大单层硼的三角形晶格一样[43-44]。在有限系统中,外围的 B—B 键一般强于内部的"悬挂"式 B—B 键,这是由于内部的 B—B 键往往存在较大的内应力,这种内应力可以通过非平面畸变或非三角形缺陷来释放。然而,在 C_{2v} 平面 CoB_{18}^- 中,Co—B 键要比常规的内部 B—B 键长,因此杂原子的存在有助于释放外部 B—B 键对内部所造成的成键应力,允许一个完美的平面结构的形成。这一观察结果暗示了不同的过渡金属或 f 区元素均可能被掺杂到单层硼中。因此,掺杂可以作为调节硼墨烯性质的另一种手段,石墨烯却无法做到这一点。利用过渡金属和稀土元素,可以创造具有可调磁、光学性质的金属掺杂硼墨烯。

3. 激发态和光电子能谱

选取典型结构的异构体采用 TDDFT 结合 SAOP 模型的方法模拟了对应的光电子能谱谱图,如图 4.7 所示。同样与美国布朗大学王来生教授课题组合作,与实验谱图对照加以验证。表 4.2 为每个异构体理论计算得到的 VDE 值。

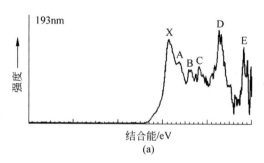

图 4.7　异构体 Ⅰ,Ⅱ,Ⅵ,ⅩⅨ 的理论计算光电子能谱
图中谱峰采用宽度为 0.15eV 的高斯展宽得到

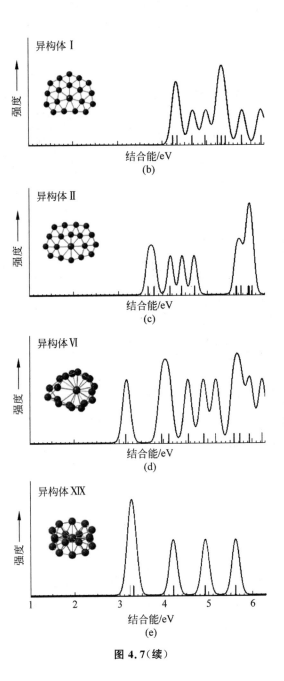

图 4.7（续）

一般来讲,平面结构的 VDE1 要高于立体结构的 VDE1 值,体现了体系极强的电子亲合能,这一点从图 4.7(b)和图 4.7(e)的对比可以看出。而且发现最优结构异构体 I 的模拟谱图与实验谱图一一对应,这也排除了其他异构体存在的可能性。

表 4.2 不同异构体的理论计算 VDE 值(与实验值加以对照,括号里为 VDE1 与实验值对齐之后的理论值)

实验值	异构体 I	异构体 II	异构体 III	异构体 IV
4.14(6)	4.280(4.140)	3.680	3.182	3.230
4.36(6)	4.350(4.210)	3.709	3.967	3.321
4.62(5)	4.689(4.549)	4.164	4.113	4.212
4.82(5)	4.987(4.847)	4.418	4.582	4.928
5.30(5)	5.262(5.122)	4.712	4.910	5.611
	5.342(5.202)	5.675	5.196	7.164
	5.418(5.278)	5.782	5.600	
约 5.8	5.803(5.663)	5.913	5.719	
	6.219(6.079)	5.944	5.948	
	6.468(6.328)	6.010	6.219	

表 4.3 列出了 C_{2v} 平面结构的计算 VDE 值和对应的电子态,每一个激发能近似对应电子从每一个轨道打出的电离能。图中峰强和峰宽都较大的 D 峰包含三个电子激发态,其余的每个谱峰基本上只对应一个电子激发态。

表 4.3 TDDFT-SAOP/TZP 计算得到的 CoB_{18}^- 的 VDE 值   eV

谱峰	实验 VDE	电子态	终态电子构型	计算 VDE
X	4.14(6)	$^2A_1$	$\cdots 10b_2^2 11b_2^2 2a_2^2 3b_1^2 3a_2^2 13a_1^2 4b_1^2 \mathbf{14a_1^1}$	4.28
A	4.36(6)	$^2B_1$	$\cdots 10b_2^2 11b_2^2 2a_2^2 3b_1^2 3a_2^2 13a_1^2 \mathbf{4b_1^1} 14a_1^2$	4.35
B	4.62(5)	$^2A_1$	$\cdots 10b_2^2 11b_2^2 2a_2^2 3b_1^2 3a_2^2 \mathbf{13a_1^1} 4b_1^2 14a_1^2$	4.69
C	4.82(5)	$^2A_2$	$\cdots 10b_2^2 11b_2^2 2a_2^2 3b_1^2 \mathbf{3a_2^1} 13a_1^2 4b_1^2 14a_1^2$	4.99
D	5.30(5)	$^2B_1$	$\cdots 10b_2^2 11b_2^2 2a_2^2 \mathbf{3b_1^1} 3a_2^2 13a_1^2 4b_1^2 14a_1^2$	5.26
		$^2A_2$	$\cdots 10b_2^2 11b_2^2 \mathbf{2a_2^1} 3b_1^2 3a_2^2 13a_1^2 4b_1^2 14a_1^2$	5.34
		$^2B_2$	$\cdots 10b_2^2 \mathbf{11b_2^1} 2a_2^2 3b_1^2 3a_2^2 13a_1^2 4b_1^2 14a_1^2$	5.42
E	5.8(1)	$^2B_2$	$\cdots \mathbf{10b_2^1} 11b_2^2 2a_2^2 3b_1^2 3a_2^2 13a_1^2 4b_1^2 14a_1^2$	5.80

注:粗体代表电子激发的轨道。

4.3.2 RhB_{18}^-：金属掺杂硼纳米管和金属掺杂硼墨烯结构的竞争

受 CoB_{18}^- 研究工作的启发，Co 的原子半径太小无法与 B_{18} 管形成较强化学成键，因此猜想如果将 Co 原子替换为同族的 Rh 原子是否会形成预想的 $Rh@B_{18}^-$ 金属掺杂硼纳米管状体系。不仅如此，又进一步猜测，从对 CoB_{18}^- 全局最优结果的搜寻得知，Co 不倾向和 8 个 B 原子形成第一配位层，如图 4.2 中异构体 II 具有较高能量。因此如果将 Co 用 Rh 代替，也许会形成如异构体 II 的结构。也就是说，在 RhB_{18}^- 体系中很有可能存在金属掺杂硼纳米管和金属掺杂硼墨烯基元体的竞争，本节就这一问题展开讨论。

1. 几何结构确定

同样，采用 TGMin 程序对 RhB_{18}^- 体系搜索了上万个结构。由于 Rh 相比于 Co 来讲几乎磁性很弱，因此只对单重态的异构体进行了结构搜索。图 4.8 列出了 45kcal/mol 之内的异构体。有趣的是，在 PBE0/TZP 级别下，具有 D_{9d} 高对称性的纳米管结构是最稳定异构体，而在 PBE/TZP 级别下，具有 C_s 对称性的准平面结构是最稳定异构体，但能量在 5kcal/mol 之内。这一现象暗示两个体系在能量上存在很强的竞争关系，二者的具体化学键键长参数如图 4.9 所示。可以看出，无论是 Rh—B 键长还是 B—B 键长均处在合理且较优的范围内，因此两个体系均保证了 Rh 和 B 原子的有效重叠。如果采用更加准确的 CCSD(T) 方法校正后，趋势与 PBE0 计算得到的结果类似，管状体系要比准平面稳定 5.29kcal/mol。异构体 I 和 II 在 PBE/TZP 级别下计算得到的结合能分别为 201.19kcal/mol 和 189.94kcal/mol。

由于这两种同分异构体具有非常不同的结构，在有限温度下，熵可能在不同异构体的能量稳定性方面发挥重要作用。因此，还计算了这两种异构体在 PBE0 理论水平下 100～1000K 的吉布斯自由能，如图 4.10 所示。显然，在 PBE0 水平上，温度高于 650K 时，准平面异构体 II 在熵效应占优势，比管状异构体 I 更稳定。但是，两种异构体的相对能量在整个温度范围内非常接近，可以在很宽的温度范围内共存。因此，这两个同分异构体几乎简并，能量相差较小，用近似理论方法和截断基集很难精确求解两个同分异构体的相对稳定性。

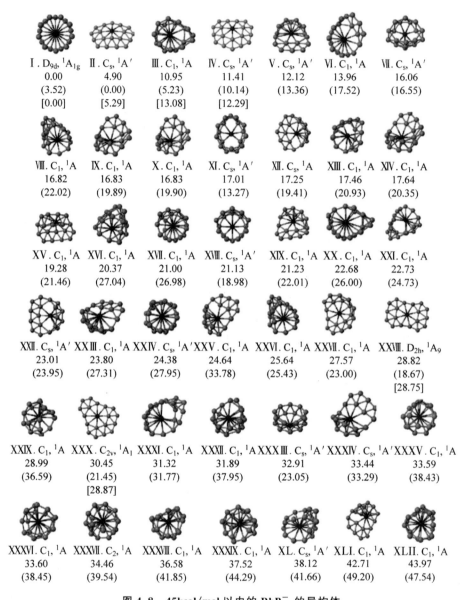

图 4.8　45kcal/mol 以内的 RhB_{18}^- 的异构体

不带括号数值代表 PBE0/TZP 级别下的相对能量，小括号内为 PBE/TZP 级别下能量，中括号为 CCSD(T) 级别下能量

第 4 章 过渡金属掺杂平面硼团簇——金属掺杂硼墨烯　　63

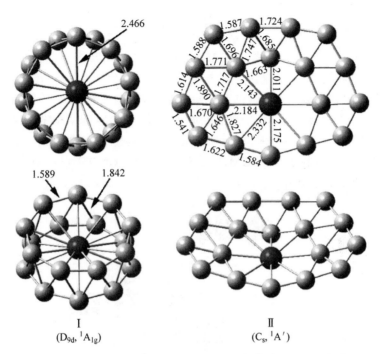

图 4.9　异构体 I（D_{9d}，$^1A_{1g}$）和异构体 II（C_s，$^1A'$）的几何结构参数

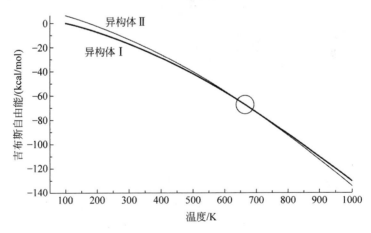

图 4.10　异构体 I 和异构体 II 在温度为 100～1000K 范围内的吉布斯自由能

2. 金属掺杂硼纳米管结构的化学成键和稳定性

接下来,将分别讨论两类异构体中 Rh 原子如何与周围 B 原子参与化学成键及体系的稳定性来源。首先,着眼于具有高对称性的异构体I,图 4.11 为其分子轨道能级图及相应的轨道形状。将涉及 4d 轨道参与成键的分子轨道标出,并发现金属 Rh 与周围 B 原子的成键轨道夹杂在硼轨道之中,这说明了 Rh 的 4d 轨道与 B 的 2p 轨道能级高度匹配。HOMO 和 HOMO-1 轨道均来源于 B 轨道,而 LUMO 轨道($7e_g$)对应 Rh 的 $d_{x^2-y^2}/d_{xy}$ 和 B 的 2p 轨道的反键作用轨道。

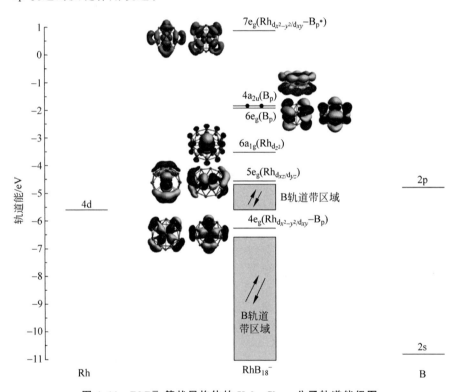

图 4.11 RhB_{18}^- 管状异构体的 Kohn-Sham 分子轨道能级图

初步定性地了解了 RhB_{18}^- 异构体 I 的成键模式之后,与第 3 章的分析方法类似,采用 AdNDP 分析的手段了解该体系的立体芳香性问题。如图 4.12 所示,图中符号和第 3 章的符号表示一致。图中清晰地展现了体系的离域键分布及 Rh 是如何与周围的 B 原子相互作用的。a~c 三组轨道为

Rh 上 3 个沿着 z 方向的孤对 d 电子,即 d_{z^2},d_{xz},d_{yz}。而其余的在 xy 平面上的 d 轨道 d_{xy} 和 $d_{x^2-y^2}$ 分别与相同相位的 B 轨道相互作用,形成了两组简并的 19c-2e σ+σ 型轨道,如图中 h 和 i 组轨道。d 组轨道是 18 个 2c-2e 的 B—B σ 成键轨道,构筑了 B_{18} 管状结构的框架。e~g 为三个 18c-2e 的 B 框架下的具有零个节面和一个节面的离域 σ+σ 型轨道。j 为与 e 对应的无节面的 σ-σ 型轨道。余下的 k~o 五组轨道则对应无节面、一个节面、两个节面的 π-π 型离域轨道。不难得出,无论是 σ+σ 型、σ-σ 型还是 π-π 型离域轨道上的电子数均满足休克尔($4n+2$)芳香性规则,因此体系具有独特的三重芳香性。

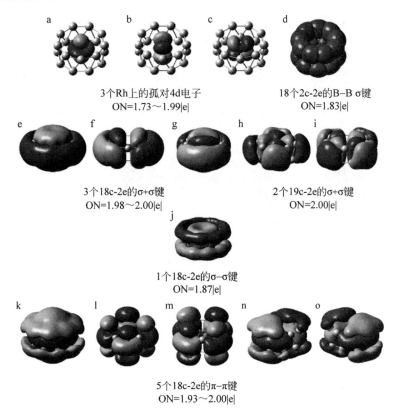

3 个 Rh 上的孤对 4d 电子
ON=1.73~1.99|e|

18 个 2c-2e 的 B-B σ 键
ON=1.83|e|

3 个 18c-2e 的 σ+σ 键
ON=1.98~2.00|e|

2 个 19c-2e 的 σ+σ 键
ON=2.00|e|

1 个 18c-2e 的 σ-σ 键
ON=1.87|e|

5 个 18c-2e 的 π-π 键
ON=1.93~2.00|e|

图 4.12　PBE0 级别下 RhB_{18}^- 管状异构体 I 的 AdNDP 分析

3. 金属掺杂硼墨烯结构的化学成键和稳定性

从以上分析得知异构体 I 的主要稳定性来源包括:①Rh 和 B 具有足

够强的化学键作用；②体系具有三重芳香性。本节将继续讨论准平面异构体Ⅱ的化学成键和稳定性来源。

图 4.13 为异构体Ⅱ的 HOMO 能级以下的 Kohn-Sham 价轨道图形，发现该图与最稳定的 CoB_{18}^- 相似，Rh 的 $4d_{z^2}$（$19a'$），$4d_{xz}$（$13a''$）和 $4d_{yz}$（$18a'$）几乎不参与化学成键，与周围 8 个 B 形成 σ 相互作用的是 xy 平面内的轨道，如 HOMO-9（$11a''$）和 HOMO-10（$16a'$）轨道。

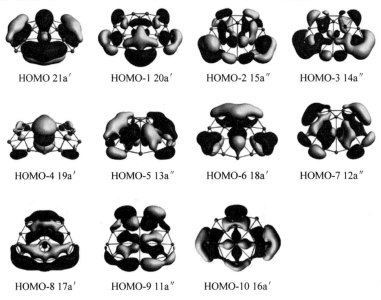

图 4.13　PBE0 级别下 RhB_{18}^- 管状异构体Ⅱ的价轨道图形

该平面结构的对称性不高，只有 C_s，只靠分子轨道分析无法得到十分清晰的化学成键图像。之前的纯硼团簇研究中，多采用 AdDNP 的分析手段去理解体系的离域键分布。因此，在挖掘异构体Ⅱ中金属与 B 原子之间相互作用时，同样应用 AdNDP 的方法，更加直接且直观地了解内部成键机理，如图 4.14 所示。

总体来看，RhB_{18}^- 异构体Ⅱ的图像与 CoB_{18}^- 的轨道图像类别大体一致。a 和 b 为两个 Rh 上的孤对 4d 轨道，占据数分别为 1.96 和 1.85，与理想情况的 2.00 相近，意味着两个轨道几乎不参与和其他 B 原子的成键。而 c 和 d 分别是和相邻的上、下两个 B 原子形成的 2c-2e 的 π 键和 2c-2e 的 σ 键，这两根较强的成键导致了内应力的产生，从而致使整个平面发生轻微弯折。e 则为外围的 12 个 2c-2e 的 B—B σ 键，构建了平面 B 骨架。不仅如此，在该

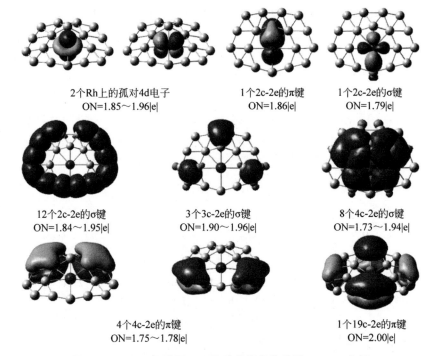

图 4.14 PBE0 级别下 RhB_{18}^- 管状异构体 II 的 AdNDP 分析

平面的 3 个边缘 B 原子处存在 3 个 3c-2e 的 σ 键,如 f 组轨道所示。g 组轨道则为 4 个 4c-2e 的 Rh 与周围三个 B 原子形成的离域 σ 键和 4 个 4c-2e 的两个上顶点处的 4 个 B 原子之间的离域 σ 键。最后一行为 5 个离域 π 键,其中包括 4 个 4c-2e 离域在 4 个顶点处的和一个离域在整个平面内的有多个节面的大 π 键。同样分布在这 5 个离域 π 键上的 10 个电子符合休克尔芳香性规则。

4. 异构体 I 和异构体 II 的光电子能谱

从 4.3.1 节 CoB_{18}^- 的若干不同异构体模拟的谱图可得知,管状体系和平面体系的谱图特征有明显不同,最主要是 VDE1 值的高低和对称性高低对应谱峰的简繁程度。为了更加有力地证明 RhB_{18}^- 两类体系的真实存在,模拟了光电子能谱并与实验对照,如图 4.15 所示,对应的每一个 VDE 峰值列于表 4.4。

表 4.4　RhB_{18}^- 两个异构体的实验和理论计算 VDE 值及对应电子构型　　　　eV

谱峰	实验VDE	电子构型[e]	计算VDE
		D_{9d} 异构体	
X'[a]	约 3.2	$\cdots 5e_u^4 5e_g^4 6e_u^4 6a_{1g}^2 6e_g^4 \mathbf{4a_{2u}^1}$	3.13[c]
		$\cdots 5e_u^4 5e_g^4 6e_u^4 6a_{1g}^2 \mathbf{6e_g^3} 4a_{2u}^2$	3.18
		$\cdots 5e_u^4 5e_g^4 6e_u^4 \mathbf{6a_{1g}^1} 6e_g^4 4a_{2u}^2$	4.64
		$\cdots 5e_u^4 5e_g^4 \mathbf{6e_u^3} 6a_{1g}^2 6e_g^4 4a_{2u}^2$	5.45
		$\cdots 5e_u^4 \mathbf{5e_g^3} 6e_u^4 6a_{1g}^2 6e_g^4 4a_{2u}^2$	5.70
		C_s 异构体	
X[b]	4.25(5)	$\cdots 16a'^2 11a''^2 17a'^2 12a''^2 18a'^2 13a''^2 19a'^2 14a''^2 15a''^2 20a'^2 \mathbf{21a'^1}$	4.16[d]
A	4.38(5)	$\cdots 16a'^2 11a''^2 17a'^2 12a''^2 18a'^2 13a''^2 19a'^2 14a''^2 15a''^2 \mathbf{20a'^1} 21a'^2$	4.22
B	约 5.0	$\cdots 16a'^2 11a''^2 17a'^2 12a''^2 18a'^2 13a''^2 19a'^2 14a''^2 \mathbf{15a''^1} 20a'^2 21a'^2$	4.75
		$\cdots 16a'^2 11a''^2 17a'^2 12a''^2 18a'^2 13a''^2 19a'^2 \mathbf{14a''^1} 15a''^2 20a'^2 21a'^2$	4.90
C	约 5.5	$\cdots 16a'^2 11a''^2 17a'^2 12a''^2 18a'^2 13a''^2 \mathbf{19a'^1} 14a''^2 15a''^2 20a'^2 21a'^2$	5.22
		$\cdots 16a'^2 11a''^2 17a'^2 12a''^2 18a'^2 \mathbf{13a''^1} 19a'^2 14a''^2 15a''^2 20a'^2 21a'^2$	5.36
		$\cdots 16a'^2 11a''^2 17a'^2 12a''^2 \mathbf{18a'^1} 13a''^2 19a'^2 14a''^2 15a''^2 20a'^2 21a'^2$	5.51
D	约 5.9	$\cdots 16a'^2 11a''^2 17a'^2 \mathbf{12a''^1} 18a'^2 13a''^2 19a'^2 14a''^2 15a''^2 20a'^2 21a'^2$	5.74
		$\cdots 16a'^2 11a''^2 \mathbf{17a'^1} 12a''^2 18a'^2 13a''^2 19a'^2 14a''^2 15a''^2 20a'^2 21a'^2$	5.96
E	6.13(6)	$\cdots 16a'^2 \mathbf{11a''^1} 17a'^2 12a''^2 18a'^2 13a''^2 19a'^2 14a''^2 15a''^2 20a'^2 21a'^2$	6.25

注：[a] 实验中 X' 峰的 ADE 值为 2.98 ± 0.08 eV。
[b] 实验中 X 峰的 ADE 值为 4.10 ± 0.06 eV。
[c] 在 PBE0/TZP 计算方法下得到的管状异构体 I 的 ADE 值为 2.93eV。
[d] 在 PBE0/TZP 计算方法下得到的准平面异构体 II 的 ADE 值为 4.10eV。
[e] 电子激发的轨道均用粗体表示。

两个体系的 CCSD(T) 计算得到的 T1 诊断因子均小于 0.03，因此单参考波函数即可很好地描述体系的电子激发行为，TDDFT 计算中每一个激发过程基本上都是纯态激发。计算得知，异构体 I 和异构体 II 的谱图有明显差异，尤其是管状异构体 I 的第一垂直激发能仅为 3.13eV（PBE0/TZP 级别下），而平面异构体 II 高达 4.16eV。反映在实验谱图中可以观察到在 3.2eV 处的确存在一个小宽峰 X'，进一步证明了室温下二者确实可以同时存在。两个异构体共同贡献了谱图中 A～E 峰特征，且理论计算与实验谱图高度吻合。

5. 两类结构的竞争因素

良好的 σ 型和 π 型电子离域键是形成小尺寸硼团簇的主要驱动

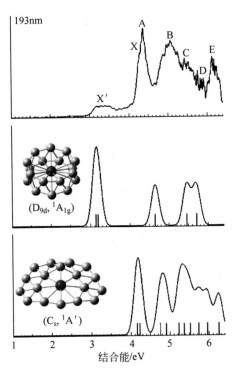

图 4.15　RhB_{18}^- 在 193nm 下的实验光电子能谱及两个异构体通过 TDDFT-SAOP 的模拟光谱，谱峰采用 0.1eV 的宽度进行高斯展宽

力[12-13]。B_{20} 团簇是首次被证明为管状结构的硼团簇，可认为是硼纳米管的胚胎结构[17]。离子迁移谱和 DFT 计算表明，硼阳离子团簇（B_n^+）在 $n>15$ 时均呈现管状结构。然而，阴离子 B_n^- 团簇被证明直至尺寸达到 40，仍没有观察到管状结构[20]。管状结构的曲率可能会对二维的电子离域性能产生不利影响，所以一定尺寸硼团簇更倾向于形成平面结构。显然，金属在 CoB_{16}^- 和 MnB_{16}^- 中与 B 原子的相互作用对管状结构的稳定性至关重要（讨论见第 3 章）。在 CoB_{18}^- 中，由于 Co 原子的尺寸较小，而 B_{18} 管管径又太大，导致不能形成有效的 Co-B 相互作用，因此平面结构是全局最小点。由此可知，在管状异构体中，M-B 相互作用和二维电子离域之间需要很好的平衡。如在 RhB_{18}^- 中，Rh 的半径相比于 Co 略大，使得管状异构体与准平面异构体相互竞争，实验中均观察到这两种异构体的存在。因此，可以想象，更大的硼管可能与 5d，6d，甚至镧系和锕系元素作用形成更大的金属掺杂硼纳米管，如 TaB_{20}^-（第 3 章）。

4.4 总结与展望

本章介绍了独特的完美平面 CoB_{18}^- 团簇。其中，Co 原子直接掺杂到硼平面中与周围 B 原子紧密结合，成为分子平面中不可分割的一部分。光电子能谱显示 CoB_{18}^- 是一个非常稳定的电子系统，具有很高的电子结合能。全局最优结构搜索加上高精度量子化学计算发现，最稳定结构是一个纯平面和闭壳层 C_{2v} 体系。一价 Co 原子与最邻近的七个 B 原子通过离域轨道相互作用，余下的 11 个 B 原子则通过离域 π 键与第一壳层 B 相互作用。Co 原子被发现与平面 B_{18} 有很强的共价相互作用，以及通过金属与硼电荷转移的离子性作用结合。同时体系具有独特的 π 型芳香性，进一步稳定了整个体系。CoB_{18}^- 这一金属掺杂硼团簇体系代表一类新的可以形成金属掺杂平面单层硼材料的结构单元，此类材料有望具有可调控的磁、光电、催化等性质。

此外，还观察到在 RhB_{18}^- 簇中，一个完美的 D_{9d} 管状结构和一个准平面(C_s)异构体在全局最小结构上存在着有力竞争，且二者都可通过实验观察到。管状结构中 Rh 原子的配位数高达 18，C_s 准平面异构体由 Rh 原子和 8 个硼原子在第一壳层配位，以及 10 个硼原子组成的不完全第二壳层组成。同时，RhB_{18}^- 的准平面异构体是 π 型芳香性的，有 10 个 π 电子。不仅如此，Rh 的 4d 轨道与 B_{18} 管的相互作用有利于 D_{9d} 异构体与准平面异构体的竞争。目前的研究突破了化学配位数的极限，表明金属原子的大小和键合强度决定了掺杂的金属硼团簇平面结构和管状结构的稳定性。这些见解可以通过调节金属与硼原子之间的相互作用来帮助设计金属掺杂硼纳米管和金属掺杂硼墨烯材料[15,170]，如图 4.16 所示。

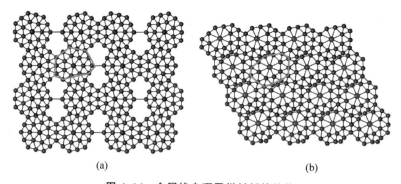

图 4.16 金属掺杂硼墨烯材料的结构

(a) 以 CoB_{16} 平面为基元设计的材料；(b) 以 RhB_{18} 准平面为基元设计的材料

第 5 章 稀土反夹心硼化物的新发现

5.1 引　　言

从超导体硼化镁到超硬过渡金属硼化物,硼可以形成各种各样具有优异性能的硼化物材料[171-172]。特别是镧系硼化物代表了一类极具应用价值的磁性、光学、超导和热电材料[35,173-176]。在过去的 20 年里,人们进行了大量的实验和理论研究来阐明一定尺寸的硼团簇的结构和化学键[12-15,35],从而发现了一系列新颖结构,诸如类石墨烯材料(硼墨烯)、类富勒烯(硼球烯)和纳米管状结构[17-18,20,60,165],如图 5.1 所示。研究这些纳米系统具有重要意义,不仅可以从分子水平上理解硼化物新特性的出现,而且为新型硼化物材料的设计提供了新的思路。然而,尽管已经有相关研究对过渡金属掺杂硼团簇进行了预测、分析和表征[15,177-178],但是对镧系硼团簇的研究仍旧较少。近年来报道的 SmB_6^- 和 PrB_7^- 簇是第一类已知的镧系硼团簇[179-180],体系中 B_6 或 B_7 环分别与镧系元素配位形成半夹心式结构。

基于上述半夹心结构,设想如果再引入一个镧系原子,是否会形成中间为硼环、两侧为镧系原子的反夹心式夹层结构 $Ln\cdots B_n\cdots Ln$。以二茂铁为例的夹心有机金属配合物由中心金属原子和两侧的共轭配体组成,呈现板-心-板结构[181]。1973 年该研究工作荣获诺贝尔化学奖,以表彰其在有机金属化学领域的里程碑式意义。夹心配合物及其衍生物应用广泛,可被用作燃料添加剂、光吸收剂、橡胶和硅树脂等高分子材料的熟化剂等。顾名思义,反夹心结构则是金属原子位于两侧、共轭配体在中心的心-板-心结构,常常由两个金属原子夹在芳环中组成[182-190]。中心芳香族分子的离域 π 型轨道与分子平面两侧的金属轨道往往会形成有趣的化学键,例如,在很多含有中间芳烃被两个铀夹心的铈系化合物中,δ 类型的化学成键对体系的稳定性起到了至关重要的作用[187-189]。

在本章中,利用硼团簇成键的离域特性和镧系元素倾向于与硼簇侧配

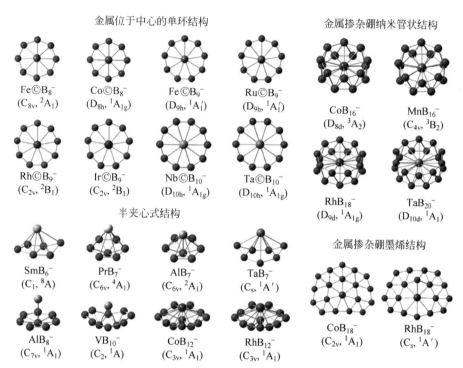

图 5.1　不同种类金属掺杂不同尺寸硼团簇的结构、对称性和电子态

位的事实,实现了 Ln_2B_8(Ln=La,Pr)高对称性(D_{8h})镧系金属反夹心硼化物的构建,对体系的成键模式进行了系统的分析,且提出了镧系周期元素的普适规律。其中,核心的研究主要分为以下三点:首先,B_8 的离域共轭轨道是如何与 Ln 原子相互作用,何种成键模式对体系的稳定性起了绝对性贡献;其次,探究 Ln_2B_8 的电子结构和光电子能谱性质,透彻研究该类反夹心化合物的配位环境和 4f 轨道激发形态;最后,由于镧系元素多具有不成对 4f 电子且镧系收缩效应明显,体系将具有明显的多参考特性和独特的磁学性质。

5.2　计算方法及细节

5.2.1　全局最稳定结构的确定

由于 $La_2B_8^-$ 和 $Pr_2B_8^-$ 属于同一周期同类型化合物,为了简单起见,先采用 TGMin 程序搜索 $La_2B_8^-$ 团簇,由此再考察 $Pr_2B_8^-$ 的构型。与第 3 章和第 4 章计算方法类似,先手动搭建种子结构,与 ADF(2016.101 版本)量化软件包联用,采取广义梯度近似下的 PBE 交换相关泛函、双 ζ 型基组 DZP 产生大量的同分异构体。$La_2B_8^-$ 体系共生成约 1500 个有效局域最小结构,并对所有的平衡构型计算了振动频率以确保所得结构为势能面的极小点。发现具有 D_{4h} 对称性的 B_8 环被两个 La 原子夹心的反夹心结构 ($La\cdots B_8\cdots La$) 为全局最优结构。之后,依照 $La_2B_8^-$ 所生成的结构构建 $Pr_2B_8^-$,进而对相对能量进行大规模计算。

对于能量较低的异构体,接下来使用三 ζ 型基组 TZP 和 PBE 及杂化 PBE0 泛函进行相对能量的校正。在此,标量的 ZORA 相对论方法被采用,用来衡量相对论效应对体系各个异构体稳定性带来的影响。冻结核近似分别作用在 B 的 $1s^2$、La 和 Pr 的 [$1s^2$-$4d^{10}$] 内层核轨道上,而剩余的价轨道电子均在求解 Kohn-Sham 方程时显式解析变分。为考虑电子相关效应、求得更加准确的相对能量,还基于 PBE0 优化好的结构进行 CCSD(T) 的波函数方法计算(使用 Molpro2012 版本)。此计算中,基组分别选取的情况为 B:cc-pVTZ;La 和 Pr 均采用 ECP28MWB 赝势和相应的 SDD 及 SEG 基组[191-193]。没有加入弥散函数的校正一是考虑到计算量较大,二是在计算后续阴离子光谱时弥散函数的加入会低估 ADE 与 VDE 的值。

5.2.2 光电子能谱拟合

如前所述,采用 ΔSCF-TDDFT 的手段,结合 SAOP 模型拟合 $La_2B_8^-$ 和 $Pr_2B_8^-$ 的光电子能谱。CCSD(T) 计算校正 VDE1 和 ADE 值与实验值加以比较,并在中性物种的基础上将所有的单电子激发的激发能加在 VDE1 上拟合光谱。计算得到的所有 VDE 值都依照等强度进行高斯展宽(宽度为 0.1eV)。

5.2.3 化学成键及稳定性分析

采用多种不同的分析手段来分析体系的成键模式和稳定性来源。包括分子轨道分析、局域坐标体系(local coordinate system,LCS)、ETS-NOCV 能量分解、AdNDP 等。在对具有 D_{8h} 对称性的 B_8 单元的 LCS 分析中,依据右手定则和坐标变换指认 x 轴指向环中心方向(radial,r),y 轴指向环切面方向(tangential,t),z 轴则垂直于环平面(vertical,v)。同时,还通过 $Ln_2B_8 \longrightarrow 2Ln+B_8$ 考察了两个 Ln(Ln=La,Pr)原子和 B_8 环的结合能,使用 Mayer,G-J,N-M,Wiberg 等键级分析手段衡量了体系中 Ln—B,B—B 和 Ln⋯Ln 之间的相互作用。

5.2.4 多参考性质讨论及磁性

在 Pr_2B_8 体系中,由于 4f 电子的存在使其具有强烈的多参考特性,因此为了确定基态,采用了从头算全活性空间方法 CASSCF 和 CASPT2 来考察体系的强相关性。首先选取的活性空间为 CASSCF(6e,20o),其中包括 14 个两个 Pr 原子的 4f 轨道、两个 d-p δ 成键轨道、两个 d-p δ* 反键轨道、两个 6s 轨道。但经测试发现 6s 轨道的占据数不足 0.02,这预示选取不包含 6s 轨道的 CASSCF(6e,18o)空间就已足够并一定程度上节省计算量。CASPT2 则在考虑静态电子相关的基础上采用微扰进一步修正了动态相关带来的误差,由此可更加准确地确定各个不同电子态的相对能量。

5.3 结果与讨论

5.3.1 最优结构的确定

经大量的 $La_2B_8^-$ 结构搜索发现,具有 D_{4h} 对称性和 $^3B_{2u}$ 电子态的反夹心结构为最稳定构型(图 5.2)。CCSD(T)计算得到的 T1 诊断值仅为 0.018,因此可以认为单 Slater 行列式可以很好地描述该体系。值得一提的是,该 D_{4h} 结构是由于姜-泰勒效应从 D_{8h} 降低对称性得到。不难推测,如果将体系电离出一个电子,整体将保持 D_{8h} 高对称性,结构图形和键长参数如图 5.2 所示。中性和阴离子的几何结构差别非常小,仅区别于 B—B 键长的细微变化。还用 CCSD(T)方法计算了第二个异构体的能量,发现其能

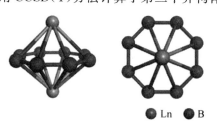

图 5.2 具有 D_{8h} 对称性的 Ln_2B_8 的主视图及俯视图

键长(PBE0/TZP 级别下)分别是:Ln⋯Ln=3.720Å(La), 3.558Å(Pr);B—B=1.560Å(La),1.555Å(Pr)

第 5 章 稀土反夹心硼化物的新发现

量高出最稳定结构近 32.41kcal/mol，有力地证明了反夹心结构的高稳定性。

如图 5.3 所示，异构体 3 和异构体 4（相对能量在 PBE0 级别下分别为 36.37kcal/mol 和 36.97kcal/mol）可以看成是两个 La 原子把一个 B_7 环夹在中间，多出的另一个 B 原子被迫挤到环外。而异构体 7 也是一类反夹心化合物，只是中间的环由 B_8 单环变为了 $B@B_7$ 的结构（此结构是纯 B_8 簇的最稳定构型），但能量相比于最稳定构型高出了 67.07kcal/mol。

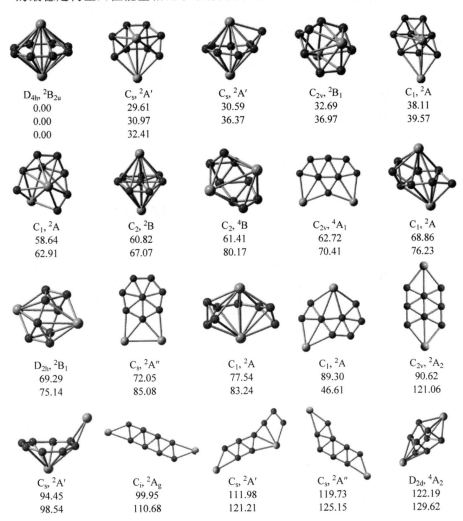

图 5.3　$La_2B_8^-$ 在 130kcal/mol 以内的可能异构体相对能量（单位：kcal/mol）

第一、第二、第三行分别为 PBE，PBE0，CCSD(T) 计算得到的能量

基于 $La_2B_8^-$ 得到的异构体,同样测试了 $Pr_2B_8^-$ 的各个结构能量,发现最稳定的 $Pr_2B_8^-$ 异构体具有和 $La_2B_8^-$ 类似的反夹心结构,体系有 5 个单电子,电子态为 $^6B_{2u}$。而中性的 Pr_2B_8 同样表现为 D_{8h} 构型,具有 6 个不成对电子,电子态为 $^7A_{2g}$。

5.3.2 反夹心化合物 Ln_2B_8 中的化学成键

图 5.4 展示了中性 La_2B_8 和相应阴离子体系分子轨道能级的联系。经比较,二者的成键模式十分相似,只是阴离子中姜-泰勒效应的存在使得体系需降低对称性以将原来 D_{8h} 下 $1e_{2u}$ 轨道上电子的占据态去简并,分裂为 $1b_{2u}$ 和 $1b_{1u}$ 能级。为了使讨论更加清晰,在成键规律的讨论中只讨论具有高对称性的中性反夹心体系。

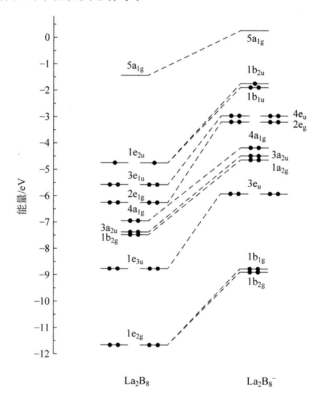

图 5.4 La_2B_8 和 $La_2B_8^-$ 之间的分子轨道能级关联图

在讨论整体的成键性质之前,首先对 B_8 环进行了坐标变换,从而分析局域坐标系统(LCS)。如图 5.5 所示,B_8 的 32 个 2s/2p 价轨道依照成键方向的不同被分解为四类: σ_s,$\sigma(t)_p$,$\sigma(r)_p$,π_p,每组中包括 8 个轨道。其中,8 个被占据的 σ_s 和 $\sigma(t)_p$ 类型轨道参与了 8 个 B—B 的 σ 类型键,构建了 B_8 环的主体框架。$\sigma(r)_p$ 和 π_p 则与上、下两个 Ln 原子轨道参与化学成键。注意到,这两个轨道的分裂不如 σ_s 和 $\sigma(t)_p$ 明显,这是由于在该类轨道中,B 与 B 原子之间的轨道重叠不如后者大,B—B 之间相互作用相对较弱。

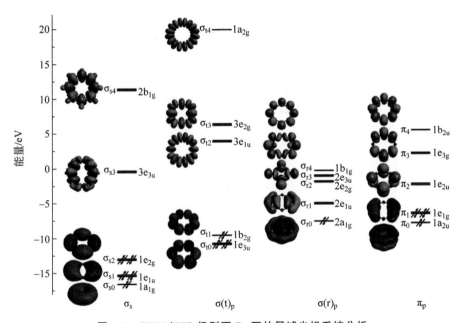

图 5.5 PBE0/TZP 级别下 B_8 环的局域坐标系统分析

图 5.6 展现了 B_8 与 La⋯La 碎片之间相互作用形成化合物的具体相互作用情况。La_2B_8 具有相当大的 HOMO($1e_{2u}$)-LUMO($5a_{1g}$)能量差,说明了体系较高的稳定性。在其他的镧系反夹心化合物 Ln_2B_8(Ln>La)中,强烈收缩的 4f 轨道几乎不参与任何化学成键,因此来源于 4f 的轨道会集中在图中所示的 HOMO-LUMO 之间形成"4f 带",决定了体系的磁性质(讨论见后)。

相比之下,5d 轨道的半径分布要比 4f 弥散,从而更倾向参与化学成键。由图 5.6 可知,基于对称性匹配和能级相近原理,La⋯La 的 $d\pi_u$ 轨道

向 B_8 的 $2e_{1u}$ 轨道转移了 4 个电子，形成了 La_2B_8 中 $3e_{1u}$ 的 d-p π 型分子轨道。而 La⋯La 的 $d\delta_u$ 空轨道和 B_8 具有两个节点的 π_2 轨道相互作用，最终形成了独特的 d-p δ 键。由此可得到初步结论：$5d_\pi$ 和 $5d_\delta$ 轨道被 B_8 环的 σ_1 和 π_2 群轨道高度稳定。

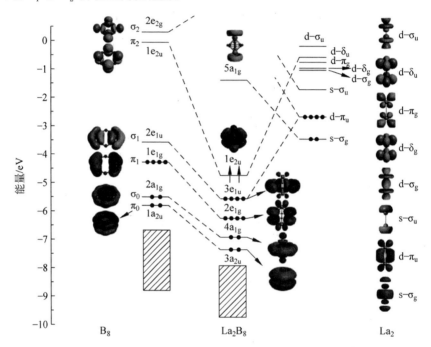

图 5.6　PBE0/TZP 级别下 La_2B_8 的基于 B_8 和 La_2 碎片的分子轨道图

为了分析该类反夹心化合物各个不同类型轨道的具体贡献，采用 ETS-NOCV 的方法计算 La⋯La 和 B_8 片段之间的不同相互作用，具体数值见表 5.1。具有最大数值的 $\Delta E_{orb(1)}$ 和 $\Delta E'_{orb(1)}$ 对应分子轨道图中的 $3e_{1u}$，共占据体系所有轨道贡献的 74.6%；La⋯La 的 d-σ_g 型轨道与 B_8 的 σ_{r0} 群轨道作用形成 d-p σ 分子轨道 $4a_{1g}$，占据所有轨道相互作用的 2.2%，如表 5.1 中的 $\Delta E_{orb(3)}$。$\Delta E_{orb(4)}$ 是另外一类 d-p π 型轨道，由 La⋯La 的 d-π_g 和 B_8 的 π_1 轨道构成，占据了整体轨道贡献的 2.6%。

表 5.1 为 PBE0/TZP 方法下 La_2B_8 的 ETS-NOCV 分析（碎片为 B_8($\cdots 1a_{2u}^2 2a_{1g}^2 1e_{1g}^4$) 和 La_2($d\pi_u^4 d\delta_u^2$)）。其中，$\Delta E_{int} = \Delta E_{Pauli} + \Delta E_{elstat} + \Delta E_{orb}$，表中括号内的数值表示不同轨道贡献在总体轨道作用的占比。

表 5.1　PBE0/TZP 总体轨道作用的占比

		α	β
$\Delta E_{orb(1)}$/(kcal/mol)	−315.3 (37.3%)		
$\Delta E'_{orb(1)}$/(kcal/mol)	−315.3 (37.3%)		
$\Delta E_{orb(2)}$/(kcal/mol)	−74.5 (8.8%)		
$\Delta E'_{orb(2)}$/(kcal/mol)	−74.5 (8.8%)		
$\Delta E_{orb(3)}$/(kcal/mol)	−18.9 (2.2%)		
$\Delta E_{orb(4)}$/(kcal/mol)	−10.8 (1.3%)		
$\Delta E'_{orb(4)}$/(kcal/mol)	−10.8 (1.3%)		
ΔE_{orb}/(kcal/mol)	−844.9		
ΔE_{elstat}/(kcal/mol)	−700.1		
ΔE_{Pauli}/(kcal/mol)	1069.6		
ΔE_{int}/(kcal/mol)	−475.4		

值得一提的是，如 $\Delta E_{orb(2)}$ 所示的非满占的 La⋯La 的 d-δ_u 轨道，由于轨道能级匹配和有效重叠，该轨道与 B_8 环具有两个节点的 π_2 轨道相互作用，占据了总体轨道高达 17.6% 的贡献。

$Pr_2B_8^-$ 和 $La_2B_8^-$ 除了 4f 电子数不同，其他成键模式均相同。表 5.2 列出了不同方法得到的 Ln_2B_8 的阴离子和中性体系的电荷和自旋分布。从表中数据可得知，每个 Pr 上带有两个不成对的 4f 电子，但 La 上几乎没有 4f 电子的存在。在两个体系中，可以发现 B 上都有明显的自旋分布，这是由于未满占的 d-p δ 成键轨道的存在。

表 5.2 Ln_2B_8（Ln＝La，Pr）的阴离子和中性体系中 Ln 和 B 上的电荷和自旋分布

		电荷				自旋密度分布	
		Mulliken	Hirshfeld	Voronoi	MDC-q	Mulliken	MDC-q
$La_2B_8^-$	La	0.65	0.48	0.54	1.03	0.26	0.20
	B	−0.29	−0.24	−0.26	−0.38	0.06	0.07
La_2B_8	La	0.86	0.71	0.69	1.20	0.51	0.41
	B	−0.22	−0.18	−0.17	−0.30	0.12	0.15
$Pr_2B_8^-$	Pr	0.72	0.58	0.67	0.95	2.36	2.45
	B	−0.30	−0.26	−0.29	−0.36	0.04	0.01
Pr_2B_8	Pr	0.86	0.80	0.80	1.13	2.59	2.61
	B	−0.22	−0.20	−0.20	−0.28	0.10	0.10

B_8 环在参与 Ln—B_8—Ln 的化学成键时具有双重芳香性，有趣的是，Ln⋯Ln 之间通过 B_8 环的离域轨道作用仍然具有一定的键级存在，见表 5.3。且通过反应计算出的结合能数量可观（La_2B_8：403.89kcal/mol，Pr_2B_8：456.16kcal/mol）。两个 Ln 原子之间的距离为 3.6～3.7Å，与 Pyykkö 共价单键半径之和相当（La—La：3.60Å，Pr—Pr：3.52Å）。

表 5.3 PBE0/TZP 级别下 Ln_2B_8 体系中不同化学键的键级和结合能

kcal/mol

	La_2B_8				Pr_2B_8			
	键级			结合能	键级			结合能
	Mayer	G-J	N-M		Mayer	G-J	N-M	
La⋯La	0.426	0.303	0.317	403.89	Pr⋯Pr	0.424	0.248	0.463	456.16
La—B	0.365	0.352	0.368		Pr—B	0.383	0.280	0.415	
B—B	1.337	1.347	1.425		B—B	1.266	1.261	1.332	

正如第 3 章和第 4 章所述，含有 B 的化合物多用 AdNDP 考查其离域的多中心轨道，同样对 La_2B_8 也进行了 AdNDP 分析（图 5.7）。从图中可明显看出在 B_8 环中有 8 个 2c-2e 的 σ 键构建了 B_8 骨架，除此以外均为离域的 10c-2e 键。第一行中 3 个由 B_8 环和 La 的 5dσ/π 轨道参与的 σ 键符合休克尔（4n＋2）芳香性规则。另外，第二行中 5 个离域的满占 π 轨道同样符合三重态体系的 4n 芳香性规则[194]。由此，双重芳香性的存在也进一步稳定了该类反夹心体系。

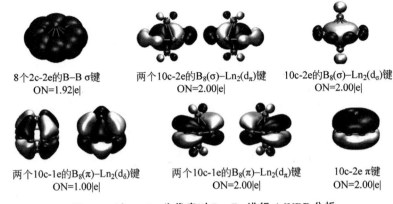

图 5.7 以 La_2B_8 为代表对 Ln_2B_8 进行 AdNDP 分析

ON 代表占据数

5.3.3 电子结构及光电子能谱

为了进一步证实 $La_2B_8^-$ 和 $Pr_2B_8^-$ 的真实存在,采用标量相对论的 TDDFT 方法对光电子能谱进行了拟合并与实验谱图对照,如图 5.8 所示。具体的每一个 VDE 值对应的激发态列于表 5.4 和表 5.5 中。不难发现,二者谱图极其相似,这也印证了二者具有相似的结构。而几何高对称性导致电子结构的高对称性,表现在光电子能谱上谱峰简单的特征。理论计算在 CCSD(T) 级别下得到的 ADE 和 VDE 值分别为 1.47/1.52eV (La) 和 1.53/1.64eV(Pr),与实验值 1.64/1.76eV (La) 和 1.59/1.75eV(Pr)高度吻合。

对照表中对应的电子态发现,X 峰主要对应电子从 d-p δ 成键轨道打出后的电子态,A 峰则是对应电子从 d-p π 类型成键轨道中打出后的电子态,B 峰和 C 峰为电子从 d-p σ 类型成键轨道和 B_8 轨道中打出后所得到的电子态,D 峰由于实验条件的限制从实验谱图中无法清晰指认位置,但理论计算模拟的谱图可以得到 5.5eV 处存在一个由电子从 B_8 的 B—B 成键轨道中打出后得到的电子态。

经过谱图比较发现,$Pr_2B_8^-$ 团簇的谱图与 $La_2B_8^-$ 谱图大体一致,这说明 4f 峰被埋没在由成键轨道打出电子对应的谱峰当中。表 5.5 表明,从 4f 轨道电离电子对应的 VDE 位于 X 峰和 A 峰处,与从 d-p δ 和 d-p π 轨道电离电子对应的 VDE 几近重合。

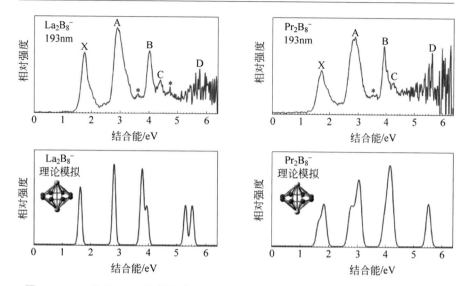

图 5.8 $La_2B_8^-$ 和 $Pr_2B_8^-$ 的实验(193nm)及理论计算(TD-SAOP/TZP 方法)所得到的光电子能谱图

图中的 * 表明多电子激发或者振荡态的存在,这一现象在强关联体系中均很常见[124]

表 5.4 $La_2B_8^-$ 的理论计算、实验光电子能谱所得 VDE 数值及对应电子态

eV

谱峰	电子态	电子构型	理论计算 VDE	实验 VDE
X	$^3A_{2g}$	$1b_{1g}^2 3e_u^4 1a_{2g}^2 3a_{2u}^2 4a_{1g}^2 2e_g^4 4e_u^4 \mathbf{1b_{1u}^1} 1b_{2u}^2$	1.597	
	$^1A_{1g}$	$1b_{1g}^2 3e_u^4 1a_{2g}^2 3a_{2u}^2 4a_{1g}^2 2e_g^4 4e_u^4 1b_{1u}^2 \mathbf{1b_{2u}^0}$	1.639	1.76
	$^1A_{2g}$	$1b_{1g}^2 3e_u^4 1a_{2g}^2 3a_{2u}^2 4a_{1g}^2 2e_g^4 4e_u^4 \mathbf{1b_{1u}^1} 1b_{2u}^1$	1.661	
A	^1E_u	$1b_{1g}^2 3e_u^4 1a_{2g}^2 3a_{2u}^2 4a_{1g}^2 \mathbf{2e_g^3} 4e_u^4 1b_{1u}^2 1b_{2u}^1$	2.798	
	^3E_u	$1b_{1g}^2 3e_u^4 1a_{2g}^2 3a_{2u}^2 4a_{1g}^2 \mathbf{2e_g^3} 4e_u^4 1b_{1u}^2 1b_{2u}^1$	2.816	2.91
	^1E_g	$1b_{1g}^2 3e_u^4 1a_{2g}^2 3a_{2u}^2 4a_{1g}^2 2e_g^4 \mathbf{4e_u^3} 1b_{1u}^2 1b_{2u}^1$	2.827	
	^3E_g	$1b_{1g}^2 3e_u^4 1a_{2g}^2 3a_{2u}^2 4a_{1g}^2 2e_g^4 \mathbf{4e_u^3} 1b_{1u}^2 1b_{2u}^1$	2.856	
B	$^1B_{2u}$	$1b_{1g}^2 3e_u^4 1a_{2g}^2 3a_{2u}^2 \mathbf{4a_{1g}^1} 2e_g^4 4e_u^4 1b_{1u}^2 1b_{2u}^1$	3.773	
	$^3B_{2u}$	$1b_{1g}^2 3e_u^4 1a_{2g}^2 3a_{2u}^2 \mathbf{4a_{1g}^1} 2e_g^4 4e_u^4 1b_{1u}^2 1b_{2u}^1$	3.822	4.01
	$^1B_{1g}$	$1b_{1g}^2 3e_u^4 1a_{2g}^2 \mathbf{3a_{2u}^1} 4a_{1g}^2 2e_g^4 4e_u^4 1b_{1u}^2 1b_{2u}^1$	3.837	
	$^3B_{1g}$	$1b_{1g}^2 3e_u^4 1a_{2g}^2 \mathbf{3a_{2u}^1} 4a_{1g}^2 2e_g^4 4e_u^4 1b_{1u}^2 1b_{2u}^1$	3.846	
C	$^1B_{2u}$	$1b_{1g}^2 3e_u^4 \mathbf{1a_{2g}^1} 3a_{2u}^2 4a_{1g}^2 2e_g^4 4e_u^4 1b_{1u}^2 1b_{2u}^1$	3.965	4.39
	$^3B_{2u}$	$1b_{1g}^2 3e_u^4 \mathbf{1a_{2g}^1} 3a_{2u}^2 4a_{1g}^2 2e_g^4 4e_u^4 1b_{1u}^2 1b_{2u}^1$	4.017	
D	^1E_g	$1b_{1g}^2 \mathbf{3e_u^3} 1a_{2g}^2 3a_{2u}^2 4a_{1g}^2 2e_g^4 4e_u^4 1b_{1u}^2 1b_{2u}^1$	5.344	≈5.5
	^3E_g	$1b_{1g}^2 \mathbf{3e_u^3} 1a_{2g}^2 3a_{2u}^2 4a_{1g}^2 2e_g^4 4e_u^4 1b_{1u}^2 1b_{2u}^1$	5.388	

注:粗体代表电子激发的轨道。

表 5.5 $Pr_2B_8^-$ 的理论计算所得 VDE 数值及对应电子态   eV

谱峰	电子态	电子构型	理论计算 VDE	实验 VDE
X	$^3A_{2g}$	$1b_{1g}^2 3e_u^4 1a_{2g}^2 3a_{2u}^2 4a_{1g}^2 2e_g^4 4e_u^4 \mathbf{1b_{1u}^1} 1b_{2u}^1$	1.597	1.76
	$^1A_{1g}$	$1b_{1g}^2 3e_u^4 1a_{2g}^2 3a_{2u}^2 4a_{1g}^2 2e_g^4 4e_u^4 1b_{1u}^2 \mathbf{1b_{2u}^0}$	1.639	
	$^1A_{2g}$	$1b_{1g}^2 3e_u^4 1a_{2g}^2 3a_{2u}^2 4a_{1g}^2 2e_g^4 4e_u^4 \mathbf{1b_{1u}^1} 1b_{2u}^1$	1.661	
A	^1E_u	$1b_{1g}^2 3e_u^4 1a_{2g}^2 3a_{2u}^2 4a_{1g}^2 \mathbf{2e_g^3} 4e_u^4 1b_{1u}^2 1b_{2u}^1$	2.798	2.91
	^3E_u	$1b_{1g}^2 3e_u^4 1a_{2g}^2 3a_{2u}^2 4a_{1g}^2 \mathbf{2e_g^3} 4e_u^4 1b_{1u}^2 1b_{2u}^1$	2.816	
	^1E_g	$1b_{1g}^2 3e_u^4 1a_{2g}^2 3a_{2u}^2 4a_{1g}^2 2e_g^4 \mathbf{4e_u^3} 1b_{1u}^2 1b_{2u}^1$	2.827	
	^3E_g	$1b_{1g}^2 3e_u^4 1a_{2g}^2 3a_{2u}^2 4a_{1g}^2 2e_g^4 \mathbf{4e_u^3} 1b_{1u}^2 1b_{2u}^1$	2.856	
B	$^1B_{2u}$	$1b_{1g}^2 3e_u^4 1a_{2g}^2 3a_{2u}^2 \mathbf{4a_{1g}^1} 2e_g^4 4e_u^4 1b_{1u}^2 1b_{2u}^1$	3.773	4.01
	$^3B_{2u}$	$1b_{1g}^2 3e_u^4 1a_{2g}^2 3a_{2u}^2 \mathbf{4a_{1g}^1} 2e_g^4 4e_u^4 1b_{1u}^2 1b_{2u}^1$	3.822	
	$^1B_{1g}$	$1b_{1g}^2 3e_u^4 1a_{2g}^2 \mathbf{3a_{2u}^1} 4a_{1g}^2 2e_g^4 4e_u^4 1b_{1u}^2 1b_{2u}^1$	3.837	
	$^3B_{1g}$	$1b_{1g}^2 3e_u^4 1a_{2g}^2 \mathbf{3a_{2u}^1} 4a_{1g}^2 2e_g^4 4e_u^4 1b_{1u}^2 1b_{2u}^1$	3.846	
C	$^1B_{2u}$	$1b_{1g}^2 3e_u^4 \mathbf{1a_{2g}^1} 3a_{2u}^2 4a_{1g}^2 2e_g^4 4e_u^4 1b_{1u}^2 1b_{2u}^1$	3.965	4.39
	$^3B_{2u}$	$1b_{1g}^2 3e_u^4 \mathbf{1a_{2g}^1} 3a_{2u}^2 4a_{1g}^2 2e_g^4 4e_u^4 1b_{1u}^2 1b_{2u}^1$	4.017	
D	^1E_g	$1b_{1g}^2 \mathbf{3e_u^3} 1a_{2g}^2 3a_{2u}^2 4a_{1g}^2 2e_g^4 4e_u^4 1b_{1u}^2 1b_{2u}^1$	5.344	≈5.5
	^3E_g	$1b_{1g}^2 \mathbf{3e_u^3} 1a_{2g}^2 3a_{2u}^2 4a_{1g}^2 2e_g^4 4e_u^4 1b_{1u}^2 1b_{2u}^1$	5.388	

注：粗体代表电子激发的轨道。

5.3.4 La_2B_8 和 Pr_2B_8 的铁磁性质

La_2B_8 反三明治具有磁性是由于 d-p δ(e_{2u}) 轨道上有两个未配对电子。高温下，La 掺杂的 CaB_6 晶体中可以观察到铁磁性的存在[195]，与这种新现象相关的许多基本问题由此引起了人们极大的兴趣[196-198]。二价 CaB_6 是一种带隙为 1eV 的半导体，实验中观察到 La 掺杂的 CaB_6 中的铁磁性是由于部分填满的杂质能带 5d 轨道的存在[199]，这正类似于 La_2B_8 中的 d-p δ 轨道。不仅如此，Pr_2B_8 反夹心化合物由于部分填充的 4f 壳层，相比于 La_2B_8 具有更加复杂且有趣的磁性质。

为了考查 Pr 体系的最稳定构型，对 $Pr_2B_8^-$ 和 Pr_2B_8 的数种可能电子构型做了不同泛函下的测试，相对能量列于表 5.6 中。不论是在 PBE，PBE0 等密度泛函级别下还是在 CCSD(T) 水平上，都表明构型 ··· (d-p)δ² Pr(4f²) Pr(4f²) 最稳定，··· (d-p)δ⁴ Pr(4f¹) Pr(4f¹) 构型在 CCSD(T)/VTZ 级别下具有高达 42.77kcal/mol 的相对能量。这也说明了 Pr_2B_8 和 La_2B_8 确实具有类似的成键模式。

此外，也检查了可能的铁磁性和反铁磁性电子构型的相对能量，发现

Pr_2B_8 中七重态相比于其他反铁磁耦合的情况在能量上更加有利,也就是说 Pr 上所有的未成对 4f 电子均与 d-p δ 轨道上的电子呈现铁磁性耦合。

表 5.6 PBE 和 PBE0 级别下 $Pr_2B_8^-$ 和 Pr_2B_8 不同电子构型的相对能量

kcal/mol

编号	对称性	自旋多重度	成键特征	PBE	PBE0
			$Pr_2B_8^-$		
1	D_{4h}	六重态	$\cdots(d-p)\delta^3(f\delta)^2(f\delta)^2$	0	0
2	D_{4h}	六重态	$\cdots(d-p)\delta^3(f\phi)^2(f\phi)^2$	3.23	2.31
3	D_{4h}	六重态	$\cdots(d-p)\delta^3(f\sigma)^1(f\delta)^1(f\delta)^1(f\pi)^1$	3.54	5.38
4	D_{8h}	八重态	$\cdots(d-p)\delta^2(f\delta)^2(f\sigma)^1(f\delta)^1(f\sigma)^1$	3.62	4.83
5	D_{4h}	六重态	$\cdots(d-p)\delta^3(f\sigma)^1(f\delta)^1(f\delta)^1(f\sigma)^1$	4.19	3.46
6	D_{4h}	六重态	$\cdots(d-p)\delta^3(f\pi)^2(f\pi)^2$	6.56	8.23
7	D_{4h}	六重态	$\cdots(d-p)\delta^3(f\delta)^1(f\delta)^1(f\sigma)^1(f\phi)^1$	6.61	5.09
8	D_{4h}	双重态	$\cdots(d-p)\delta^3(f\sigma)^1(f\phi)^1(f\sigma)^{-1}(f\phi)^{-1}$	9.61	10.97
9	D_{8h}	四重态	$\cdots(d-p)\delta^4(f\delta)^2(f\delta)^1$	10.22	10.15[a]
10	D_{2h}	双重态	$\cdots(d-p)\delta^4(f\delta)^1(f\sigma)^1(f\delta)^{-1}$	—	19.98
11	D_{8h}	双重态	$\cdots(d-p)\delta^4(f\delta)^2(f\delta)^{-1}$	21.93	19.14
12	C_{2h}	六重态	$\cdots(d-p)\delta^3(f\delta)^1(f\pi)^1(f\delta)^1 s^1$	23.48	22.60
			Pr_2B_8		
1	D_{8h}	七重态	$\cdots(d-p)\delta^2(f\delta)^2(f\delta)^2$	0	0
2	D_{8h}	七重态	$\cdots(d-p)\delta^2(f\phi)^1(f\pi)^1(f\phi)^1(f\pi)^1$	4.46	7.92
3	D_{8h}	七重态	$\cdots(d-p)\delta^2(f\phi)^2(f\phi)^2$	4.52	4.99
4	D_{8h}	七重态	$\cdots(d-p)\delta^2(f\delta)^1(f\sigma)^1(f\phi)^1(f\sigma)^1$	5.76	6.04
5	D_{8h}	七重态	$\cdots(d-p)\delta^2(f\delta)^1(f\sigma)^1(f\delta)^1(f\phi)^1$	6.23	5.46
6	D_{8h}	七重态	$\cdots(d-p)\delta^2(f\delta)^1(f\sigma)^1(f\delta)^1(f\sigma)^1$	6.53	7.50
7	D_{8h}	七重态	$\cdots(d-p)\delta^2(f\delta)^1(f\pi)^1(f\delta)^1(f\pi)^1$	7.44	6.22
8	D_{8h}	七重态	$\cdots(d-p)\delta^2(f\pi)^2(f\pi)^2$	7.91	5.91
9	D_{8h}	三重态	$\cdots(d-p)\delta^2(f\delta)^2(f\delta)^{-2}$	8.06	12.12
10	D_{8h}	三重态	$\cdots(d-p)\delta^{-2}(f\delta)^2(f\delta)^2$	11.30	12.22
11	D_{8h}	三重态	$\cdots(d-p)\delta^{-2}(f\phi)^1(f\delta)^1(f\sigma)^1(f\delta)^1$	11.30	15.98
12	D_{8h}	三重态	$\cdots(d-p)\delta^{-2}(f\phi)^1(f\delta)^1(f\phi)^1(f\delta)^1$	12.22	20.96
13	D_{8h}	三重态	$\cdots(d-p)\delta^4(f\delta)^1(f\delta)^1$	21.38	16.84[b]
14	D_{8h}	七重态	$\cdots(d-p)\delta^2(f\delta)^2(f\delta)^1 s^1$	25.46	20.48
15	D_{8h}	单重态	$\cdots(d-p)\delta^4(f\delta)^1(f\delta)^{-1}$	26.96	26.67
16	D_{8h}	三重态	$\cdots(d-p)\delta^4(f\sigma)^1(f\sigma)^1$	31.73	25.57
17	D_{8h}	单重态	$\cdots(d-p)\delta^4(f\sigma)^1(f\sigma)^{-1}$	—	30.91

注:[a] CCSD(T)/VTZ 级别下计算出的相对能量为 39.28kcal/mol。

[b] CCSD(T)/VTZ 级别下计算出的相对能量为 42.77kcal/mol。

第 5 章 稀土反夹心硼化物的新发现

以上 DFT 计算均为单参考理论描述，接下来对 Pr_2B_8 体系作多参考的波函数分析。采取态平均全活性空间自洽场（state-averaged CASSCF）的方法选取 18 个价轨道进行计算，得到的自然轨道及占据数如图 5.9 所示。我们发现，尽管体系中的 4 个 4f 电子几乎占据在所有的 4f 类型轨道上，但 $[\cdots(d-p)\delta^2 Pr(4f^2)Pr(4f^2)]$ 态的 CI 系数高达 98%，且 d-p δ 反键轨道的占据数仅为 0.03，这也说明了 DFT 结果的合理性。

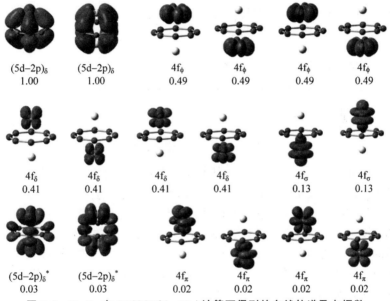

图 5.9　Pr_2B_8 在 CASSCF(6e,18o) 计算下得到的自然轨道及占据数

基于以上活性空间，对每个电子态进行了对称性破缺的 CASPT2 的能量计算，见表 5.7。表中所有的七重态均可以用 $[\cdots(d-p)\delta^2 Pr(4f^2)Pr(4f^2)]$ 电子构型表示，彼此之间相对能量相差不过 5kcal/mol。如果两个 Pr 原子上 4f 电子反铁磁耦合，体系将具有极强的多参考行为，且相对能量高达 38.79kcal/mol。上述有趣现象可以启发我们设计具有强磁性的单分子链，从而应用于单分子磁体中。

表 5.7　D_{8h} 对称性的 Pr_2B_8 在 CASPT2(6e,18o) 对称性破缺近似下的相对能量

	主要电子构型	相对能量 /(kcal/mol)
七重态	94%($\delta^{\uparrow\uparrow} f\delta^\uparrow f\phi^\uparrow f\delta^\uparrow f\phi^\uparrow$)	0.00
七重态	88%($\delta^{\uparrow\uparrow} f\delta^{\uparrow\uparrow} f\delta^{\uparrow\uparrow}$)	2.70

续表

	主要电子构型	相对能量 /(kcal/mol)
七重态	88%($\delta^{\uparrow\uparrow} f\phi^{\uparrow\uparrow} f\phi^{\uparrow\uparrow}$)	3.08
七重态	40%($\delta^{\uparrow\uparrow} f\delta^{\uparrow} f\phi^{\uparrow} f\delta^{\uparrow} f\phi^{\uparrow}$)+35%($\delta^{\uparrow\uparrow} f\delta^{\uparrow} f\phi^{\uparrow} f\delta^{\uparrow} f\phi^{\uparrow}$)	4.24
七重态	42%($\delta^{\uparrow\uparrow} f\delta^{\uparrow} f\phi^{\uparrow} f\pi^{\uparrow} f\phi^{\uparrow}$)+35%($\delta^{\uparrow\uparrow} f\delta^{\uparrow} f\phi^{\uparrow} f\delta^{\uparrow} f\pi^{\uparrow}$)	4.45
七重态	45%($\delta^{\uparrow\uparrow} f\delta^{\uparrow} f\phi^{\uparrow} f\sigma^{\uparrow} f\pi^{\uparrow}$)+38%($\delta^{\uparrow\uparrow} f\phi^{\uparrow} f\sigma^{\uparrow} f\phi^{\uparrow} f\pi^{\uparrow}$)	5.09
三重态	73%($\delta^{\uparrow\downarrow} f\delta^{\uparrow} f\phi^{\uparrow} f\delta^{\uparrow} f\phi^{\uparrow}$)	5.25
七重态	48%($\delta^{\uparrow\uparrow} f\delta^{\uparrow} f\phi^{\uparrow} f\pi^{\uparrow} f\phi^{\uparrow}$)+48%($\delta^{\uparrow\uparrow} f\pi^{\uparrow} f\phi^{\uparrow} f\delta^{\uparrow} f\phi^{\uparrow}$)	5.51
三重态	39%($\delta^{\uparrow\uparrow} f\delta^{\uparrow} f\phi^{\uparrow} f\delta^{\downarrow} f\phi^{\downarrow}$)+19%($\delta^{\uparrow\uparrow} f\phi^{\uparrow\uparrow} f\phi^{\downarrow\downarrow}$)+18%($\delta^{\uparrow\uparrow} f\delta^{\uparrow\uparrow} f\delta^{\downarrow\downarrow}$)+15%($\delta^{\uparrow\uparrow} f\delta^{\downarrow\downarrow} f\phi^{\uparrow\uparrow}$)	8.73
三重态	66%($\delta^{\uparrow\uparrow\uparrow\uparrow} f\phi^{\uparrow} f\phi^{\uparrow}$)	38.79

5.4 总结与展望

本章介绍了第一个双镧系金属被 B_8 环配位的反夹心配合物。两个具有代表性的系统 $Ln_2B_8^-$（Ln=La,Pr）的光电子能谱呈现出相似且相对简单的谱型，说明它们具有相似的高对称性结构。理论计算表明，由于 Jahn-Teller 效应，$Ln_2B_8^-$ 阴离子具有 D_{4h} 对称性，而中性的 Ln_2B_8 配合物具有完美的 D_{8h} 对称性。Ln 原子与 B_8 环的 2s 和 2p 分子群轨道之间有很强的化学键。中性 La_2B_8 基态为三重态，在 B_8 环上显示双自由基特征，而 Pr_2B_8 有 6 个未成对的自旋一致电子，每个 Pr 原子保留两个 4f 电子，Pr_2B_8 的基态通过铁磁耦合得到一个七重自旋态。所有的 Ln_2B_8 配合物都有望显示类似的结构和键合特征，这为设计高磁性的 Ln_2B_8 夹层配合物及一维磁性纳米线提供了理论依据。

基于以上研究发现，有以下设想：首先，B_8 环被证明可以与两个镧系原子形成反夹心化合物，其他尺寸的 B 环（更大或更小）或许也可以形成此类化合物并表现出类似的化学成键规律。可以通过研究不同种类的化学键在不同尺寸硼环下对体系的贡献比例，对这一类镧系金属反夹心化合物进行系统性总结和预测。其次，与镧系元素不同的是，锕系元素有可以成键的 5f 轨道，因此可以更有效地参与和硼环之间的成键，或许还会展现出独特的化学键型。可以设计不同的锕系元素与不同尺寸的硼环夹心，讨论化学键及氧化态等一系列问题。最后，可以尝试以 Ln_2B_8 为基础单元进行一维、二维、三维延伸形成周期性材料，并测试材料的稳定性和物理化学性质，建立固相材料与气相结构单元的内在联系（见第 6 章）。

第 6 章　六硼化镧晶体化学成键规律及其与气相配合物的联系

6.1　引　言

以镧系硼化物为代表的一类材料在金属-非金属二元相材料中扮演着相当重要的角色[171-173,175-176,200]。特别是 LnB_6 型的镧系六硼化物，由于其在磁学、电子结构、输运等方面表现优异而被广泛应用[201-202]。所有的 LnB_6 六硼化物都具有相同的晶体结构，通常描述为共价连接的八面体 B_6 单元组成一个简单的立方晶格，而 Ln 原子占据立方体中心（图 6.1）。LnB_6 特殊的笼状结构暗示了其结构的稳定性和优良的刚度，事实上，LnB_6 通常被认为是一种具有广泛应用前景的耐火及硬质材料[203]。例如，相对较低的功函数（$2.1\sim3.8\text{eV}$）和较低的高温蒸气压使 LnB_6 成为制造电子显微镜中电子发射器件的优良材料[204-206]。更详细地说，金属 LaB_6 在转变温度 $T_C=0.45\text{K}$ 时成为超导材料[207]，而 CeB_6 被证明是一种具有重费米子行为的致密 Kondo 材料[208]。此外，SmB_6 是第一种通过 X 射线吸收检测到的混合价态化合物[209]，实验和理论研究均报道它是一种拓扑型 Kondo 半导体[210-212]。因此，研究六硼镧系化合物的基本性质具有重要意义，为其潜在的实际应用提供了可靠的指导和预测。

如前所述，已经有大量的研究重点从物理角度出发，对 LnB_6 材料的不同属性，如磁性结构[213-220]、弹性效应[221-222]、输运和热性能[223-225]等展开报道。通过发射光谱和光电子能谱对 LnB_6 的电子结构进行了实验研究[224-225]，从而明确了带间跃迁产生的谱峰特征的来源。Ln 元素的 4f 轨道通常比 5d 轨道能量低得多，径向分布极其收缩，几乎不参与成键，其行为具有半内核特征[71]。

化合物中元素的氧化态是整个化学中最基本的概念之一[226-230]。由于镧系金属的 4f 电子的成键惰性，镧系金属一般以低价+2 或+3 氧化态

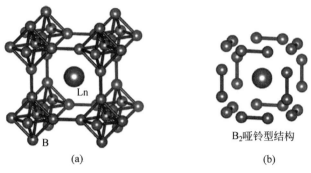

图 6.1 简单立方 LnB_6 晶体结构及 B_2 哑铃状结构

(a)简单立方 LnB_6 晶体结构示意图(其中每一个 Ln 原子被顶点处的 B_6 八面体笼状结构包围);
(b)只显示 Ln 原子和 12 个由八面体间的两个 B 构成的 B_2 哑铃状结构

为主[231-235](Ce,Pr,Nd,Tb,Dy 多为+4);尽管如此,在一些特殊体系中,镧系元素也可以利用它们的 4f 电子作为价电子参与化学成键[236-241]。例如,一项将红外光谱和先进量子化学相结合的实验和理论研究首次揭示,气态的 PrO_4,PrO_2^+ 和 NPrO 物质中 Pr 甚至呈现出+5 高氧化态[242-243]。针对 LnB_6 固体,科学家们主要通过 K 发射线的 X 射线化学位移测定了稀土元素在固相材料中的氧化态[244]。实验证明,除二价 EuB_6 和 YbB_6 外,其他所有物种的金属原子都显现为三价(SmB_6 为混合价态)。然而,截至目前,对固相氧化态的理论研究还很有限。

本章研究的目的是基于第一性原理的平面波密度泛函理论计算,系统地研究固态 LnB_6 的电子结构、化学键合和氧化态变化规律。根据实验数据,提出了一种有效的基于轨道的氧化态分配方法。值得注意的是,还发现最近报道的气相 Ln_2B_8[245]中的 B_8 环(讨论见第 5 章)类似于 LnB_6 晶体中相邻 B_6 单元形成的 B_8 环,从而提供了固相与气相复合物之间的内在联系。

6.2 计算方法及细节

本章主要采用周期性计算软件 VASP(5.4.4 版本)[246-248]和投影的缀加波方法(projector augmented-wave,PAW)[249]对 LnB_6 体系进行一系列计算。镧系元素由于 4f 电子的存在一般具有很强的电子相关性,计算上多采用库仑修正的局域自旋密度近似(Coulomb-corrected local spin-density approximation,$LSDA+U$)[250]方法或者更高精度的 HSE06 杂化泛函[251]

进行修正。针对本章所研究的体系,首先分别采用了两种方法进行测试,发现二者给出的结果一致,而 HSE06 的计算量是 LSDA +U 计算量的上千倍,因此对所有的体系均采用不同的 U 值进行校正。另外,镧系材料多具有磁性,为了计算的一致性和规律比较,本章均围绕铁磁性结构展开研究。特别地,测试了实验上已知磁序的反铁磁和铁磁性 NdB_6[218] 以研究铁磁性对化学成键的影响程度。发现 4f 电子的排布方向几乎不会影响体系的电子结构和具体成键形式。

6.2.1 晶胞参数的确定

无论在结构弛豫还是静态计算中,均采用 LSDA +U 计算手段。通常来讲,镧系元素的交换积分 J 值均取 1eV,原子内的相关能取值因不同镧系元素而异。本章计算中 U 值均参考已知文献,分别设置为:La,Ce: 5eV[252];Pr,Nd: 6eV[253];Pm,Sm: 7eV[254];Eu,Gd: 9eV[253];Tb,Dy,Ho,Er,Tm,Yb,Lu: 8eV[253]。还检查了 Pr 和 Ho 的不同 U 值(表 6.1)对体系性质的影响,以实验结构参数和计算电荷的合理性为基础,验证了使用的 U 值的有效性。不同的 U 值可能导致几何结构略有不同,但不会影响化学键性质。在计算中,k 空间为以 Γ 点为中心的、使用 Monkhorst-Pack 方式划分的格点,晶胞尺寸为 $13 \times 13 \times 13$。平面波基组的截断能为 500eV。全参数放开的结构优化收敛标准为 10^{-7}eV/晶胞。

表 6.1 使用不同 U 值计算得出的 PrB_6 和 HoB_6 体系中的晶胞参数 a、金属原子上磁矩 μ_B 和密立根电荷

	PrB_6			HoB_6		
U/eV	a/Å	μ_B	密立根电荷/e	a/Å	μ_B	密立根电荷/e
0.0	4.121	2.12	1.63	4.110	3.47	1.51
2.0	4.132	2.21	1.62	4.109	3.53	1.50
4.0	4.149	2.33	1.62	4.105	3.63	1.50
6.0	4.163	2.46	1.63	4.096	3.78	1.50
8.0	4.176	2.59	1.63	4.081	3.94	1.51
10.0	4.194	2.77	1.62	4.066	4.05	1.51

6.2.2 固体化学键分析方法

采用如前所述的 COHP 方法[69,255]来讨论化学成键,用态密度(density-of-state,DOS)图结合正则分子轨道分析体系的电子结构。将平

面波函数投影到类原子基函数上，重建轨道分析不同类型化学键的原子轨道组成。在投影过程中，利用 Koga 基集[256-257]对原子型的 GGA-PBE 波函数进行附加函数拟合。

6.2.3 固体中的布居分析

在 LOBSTER 程序[70,258]（3.0 版本）中，基于平面波的密立根 (Mulliken)[259]和洛丁(Löwdin)[260-261]分析已被嵌入其中。每一个原子 A 上所带电荷 q_A 可被表示为

$$q_A = N - \sum_{\mu \in A} GP_\mu \tag{6-1}$$

其中，N 为原子的价电子数目；GP_μ 为包括原子 A 中所有轨道 μ 的总布居数。在密立根分析方法中，GP_μ 表示为密度矩阵的计算形式

$$GP_\mu = \sum_k \sum_\nu P_{\mu\nu}(k) S_{\mu\nu}(k) w(k) \tag{6-2}$$

其中，$P_{\mu\nu}(k)$ 和 $S_{\mu\nu}(k)$ 分别为轨道 μ 的 k 阶密度矩阵和重叠矩阵；$w(k)$ 为相应 k 点处对应的权重，$P_{\mu\nu}(k)$ 和 $S_{\mu\nu}$ 表示为

$$P_{\mu\nu}(k) = \sum_j f_j(k) C_{\mu j}^*(k) C_{\nu j}(k) \tag{6-3}$$

$$S_{\mu\nu} = \langle \chi_\mu(k) | \chi_\nu(k) \rangle \tag{6-4}$$

其中，f_j 为能带 j 的占据数；$C_{\mu j}(k)$ 为在倒易空间中原子轨道线性组合 (linear combinationof atomic orbital, LCAO)成分子轨道的展开系数。而在做洛丁正交变换时，密度矩阵和总布居则分别由以下公式获得：

$$P' = S^{1/2} P S^{1/2} \tag{6-5}$$

$$GP_\mu = \sum_k P'_{\mu\mu}(k) w(k) \tag{6-6}$$

6.3 结果与讨论

6.3.1 LnB$_6$(Ln=La~Lu)的电子结构和化学成键分析

表 6.2 LnB$_6$(Ln=La~Lu)的优化晶胞参数 a、各类键长和磁矩

	a/Å		B—B 键长/Å		Ln—B 键长/Å		金属上磁矩/μ_B	
	计算	实验	计算	实验	计算	实验	计算	实验
La	4.163	4.157[262]	1.666(1.766)^a	1.659(1.766)	3.059	3.054	0.00	0.0[263]
Ce	4.131	4.140[264]	1.645(1.758)	1.714(1.716)	3.035	3.051	0.88	1.0[263]

续表

	$a/\text{Å}$		B—B 键长/Å		Ln—B 键长/Å		金属上磁矩/μ_B	
	计算	实验	计算	实验	计算	实验	计算	实验
Pr	4.163	4.135[265]	1.673(1.760)	1.711(1.713)	3.060	3.047	2.46[b]	3.6[c]
Nd	4.135	4.127[266]	1.649(1.758)	1.642(1.757)	3.038	3.031	3.11[b]	3.7
Pm	4.152		1.667(1.757)		3.052		4.55	
Sm	4.143	4.134[265]	1.661(1.755)	1.711(1.723)	3.045	3.046	5.57	
Eu	4.188	4.185[266]	1.698(1.761)	1.697(1.759)	3.081	3.078	6.97	7.3[267]
Gd	4.104	4.115[268]	1.633(1.747)	1.703(1.705)	3.015	3.032	7.10	6.9[269]
Tb	4.104	4.100[270]	1.635(1.746)	1.697(1.701)	3.015	3.021	5.84	
Dy	4.123	4.097[270]	1.660(1.739)	1.696(1.700)	3.036	3.019	4.12	
Ho	4.081	4.091[270]	1.621(1.740)	1.694(1.695)	2.998	3.014	3.94	
Er	4.116	4.110[270]	1.646(1.746)	1.702(1.703)	3.024	3.028	2.44	
Tm	4.133	4.110[271]	1.663(1.747)	1.702(1.703)	3.039	3.028	1.02	
Yb	4.126	4.148[266]	1.662(1.742)	1.669(1.753)	3.033	3.049	0.00	0.0
Lu	4.065	4.100[270]	1.611(1.735)	1.697(1.699)	2.985	3.021	0.00	0.0

注：[a] 括号里的值对应 B_6 八面体内的 B—B 距离，括号外为 B_6 八面体间的 B—B 距离。
[b] 在反铁磁 PrB_6 和 NdB_6 体系中，Pr 和 Nd 的计算磁矩分别为 $2.03\mu_B$ 和 $3.09\mu_B$。
[c] 实验得到反铁磁 PrB_6 中 Pr 的磁矩为 $1.77\mu_B$。

正如前所述，所有的镧系六硼化物 LnB_6 均呈现类似 CaB_6 的晶体结构，具有 $Pm\bar{3}m$ 的空间对称性。每个 Ln 原子被封闭在一个由 8 个 B_6 八面体组成的大型硼笼中，以立方体的角点为中心，Ln 原子位于立方体的中心，这也导致了该类结构的高刚性。其中，Ln 位于 Wyckoff 位点 $1b(1/2,1/2,1/2)$，B 位于 $6e$ 位点 $(0,0,u)$。在这里，u 是唯一可以自由变换的自变量，用来控制八面体间(inter)和八面体内(intra)的 B—B 键比例。从 LaB_6 到 LuB_6，B—B 键距离落在 $1.65\sim1.75\text{Å}$，且体间 B—B 键要明显短于体内 B—B 键。表 6.2 列举了每个六硼化物的几何结构参数、磁矩（单位为玻尔磁子，μ_B）和相应的实验参照数值。经比较，计算得到的晶格参数和 Ln—B 距离与实验基本吻合，误差范围在 0.03Å 以内。而无论是对于体间还是体内 B—B 距离来讲，误差则表现相对较大，如在 SmB_6、GdB_6 和 LuB_6 体系中，偏差可达 0.07Å。而这种差异不是因为理论上的失败，而是因为实验上的不确定性。质量相对轻的硼原子在 X 射线衍射中相比于 Ln 的散射功率小很多，而且常常不能保证足够的精度。

在晶格参数的变化过程中，由于镧系元素的收缩，随着 Ln 元素原子序数的增加,整体呈现下降趋势,如图 6.2 所示。图中 EuB_6 和 YbB_6 的突然明显上升可能是由于它们特殊的+2 氧化态(后面将讨论)。此外,虽然理论结果与实验数据呈现出较为一致的趋势,但理论计算值(黑色)呈现出轻微"Z"型,这可能与 U 参数的选择有关。然而,计算结果与实验值总体上是一致的,晶格参数与实验的最大偏差为 0.035Å,在大多数金属体系中,与实验值的偏差低于 0.01Å。不仅如此,U 参数的选择也会一定程度上影响磁性的大小,但发现电荷分布和化学键特性(见下文)基本上不受影响。

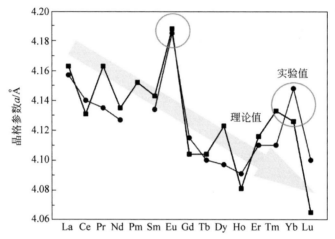

图 6.2 理论计算(黑色)和实验(红色)所得到的晶格参数 a(见文前彩图)

图中黄色圈代表两个突增的极大值 EuB_6 和 YbB_6

如前所述,体间 B—B 键肯定比体内 B—B 键短,因此,另一种不常见的结构描述可以认为 LnB_6 是由 12 个 B_2 哑铃构成[272],它们协调着中心 Ln 原子,如图 6.1(b)所示。Ln 原子的计算磁矩(表 6.2)与实验饱和磁化强度吻合较好,对于 EuB_6 和 GdB_6,磁矩先随 Ln 原子序数增大而增大,达到峰值后又减小。这两个化合物携带镧系金属最大的磁矩,从而反映出大量未配对的 4f 电子;相反,非磁性的 LaB_6,YbB_6 和 LuB_6 表现为空的或完全占据的 4f 轨道。

态密度(density-of-states,DOS)计算可以说明 LnB_6 固有的基态电子结构。如图 6.3 所示,总体来看,除了具有原子行为的 4f 能带位置不同,各个体系的 DOS 图十分相似。特别地,SmB_6,EuB_6 和 YbB_6 相由于价带和导带之间的间隙很小,可以认为是半导体,与实验事实相符[273-274]。为了简单起见,使用 LaB_6,EuB_6 和 LuB_6 作为代表示例(图 6.4)讨论。

第 6 章 六硼化镧晶体化学成键规律及其与气相配合物的联系

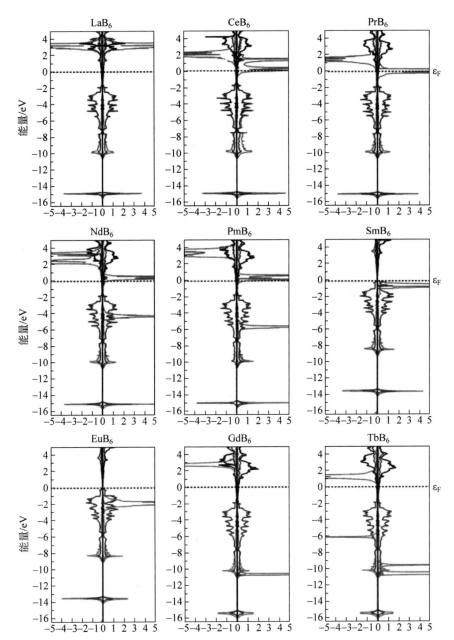

图 6.3 LnB$_6$(Ln=La～Lu)固体的分波态密度(partial density of states, PDOS)(见文前彩图)

其中绿色为 B 的 2s 轨道,红色为 B 的 2p 轨道,蓝色为 Ln 的 5d 轨道,粉色为 Ln 的 4f 轨道

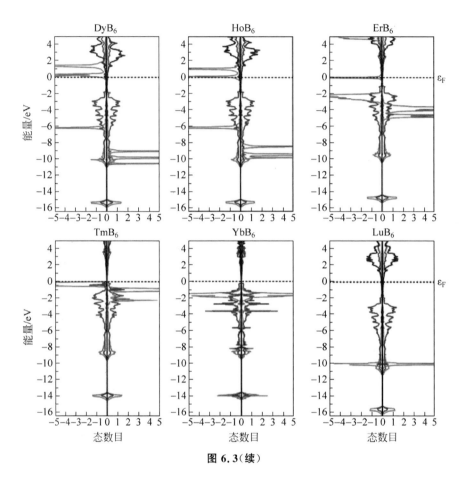

图 6.3(续)

如图 6.4 所示,已知 LaB_6(左)和 LuB_6(右)都是非磁性的,具有对称的"多数/少数"自旋通道,La 没有 4f 电子而 Lu 中电子完全占据了 4f 轨道。在 EuB_6(中)体系中,尖锐的 4f 峰值存在于自旋占据多数的通道内,从而导致体系的高磁矩(计算值为 $7.10\mu_B$)。事实上,也只有 4f 峰的相对位置决定了整个体系的磁性质。

以 LaB_6 为例,结合 O_h 对称下 B_6 的正则分子轨道(canonical molecular orbital,CMO)图像分析[275],在约为 $-15eV$ 的尖峰处对应以 B 的 2s 轨道特征为主的 a_{1g} 群轨道集。在 $-11\sim 8eV$ 之间的区域对应以 t_{1u} 为不可约表示的群轨道,而 t_{1u} 型轨道存在较强 2s 和 2p 成分的混合,这是由于 B 的 2s 和 2p 原子轨道的收缩参数相似。在更高的一些能带上,$-7\sim 2eV$ 能量

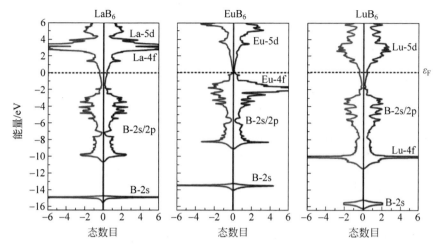

图 6.4 LaB_6，EuB_6 和 LuB_6 体系中不同自旋的态密度（见文前彩图）

蓝色代表多数自旋通道，红色代表少数自旋通道

范围之内的态主要由以 B $2p_z$ 为主导的 a_{1g} 和以 B $2p_x/2p_y$ 为主导的 t_{2g} 态构成。而对于 La—B 的成键态，则刚好处于费米能级之下，主要来源于 La 的 $5d(e_g)$ 和 B 的 $2s/2p$ 轨道之间的相互作用。

进一步使用 COHP 方法进行 LnB_6 成键机理的分析，并探究了整个 LnB_6 系列的成键趋势。由于自旋极化效应的存在，也检验了反铁磁模型，发现化学成键模式完全不受高度收缩的 4f 轨道的自旋方向的影响。因此，更简单的铁磁模型足够描述体系的成键特性。

图 6.5 包含了体间 B—B、体内 B—B 和 Ln—B 等重要的原子间的距离和 COHP 积分数据 ICOHP（积分到费米能级对应的能量，是衡量共价键强度的有效手段）。首先，随着镧系元素变重，更短的体间 B—B 键波动程度要超过体内 B—B 键。不同的 U 值使得体间 B—B 键和 Ln—B 键呈现明显的"锯齿形"，如前所述，这与它对晶格参数的影响是一致的。对于键合作用分析，ICOHP 值均列于表 6.3 中，与 Ln—B 键贡献相比，B—B 键尤其是体间 B—B 键是决定 LnB_6 稳定性的主导因素。

表 6.3 LnB_6 中不同相互作用的能量积分值（—ICOHP）

	体内 B—B (12/cell)				体间 B—B (3/cell)				Ln—B (6/cell)			
	α/eV	β/eV	合计/eV	%[a]	α/eV	β/eV	合计/eV	%	α/eV	β/eV	合计/eV	%
La	2.39	2.39	4.78	65.6	4.08	4.08	8.15	28.0	0.34	0.34	0.65	4.7
Ce	2.40	2.41	4.81	65.0	4.23	4.24	8.47	28.7	0.33	0.32	0.65	4.4

续表

	体内 B—B (12/cell)				体间 B—B (3/cell)				Ln—B (6/cell)			
	α/eV	β/eV	合计/eV	%[a]	α/eV	β/eV	合计/eV	%	α/eV	β/eV	合计/eV	%
Pr	2.38	2.42	4.80	65.4	4.06	4.12	8.18	28.0	0.35	0.33	0.68	4.6
Nd	2.37	2.42	4.79	66.0	4.02	4.05	8.07	27.8	0.33	0.31	0.65	4.4
Pm	2.37	2.43	4.80	66.2	4.00	4.04	8.04	27.7	0.33	0.30	0.63	4.3
Sm	2.37	2.44	4.81	66.7	3.98	4.01	7.99	27.7	0.31	0.29	0.60	4.2
Eu	2.41	2.42	4.83	67.0	3.79	3.84	7.63	26.7	0.33	0.31	0.64	4.5
Gd	2.40	2.41	4.81	66.5	4.12	4.20	8.32	28.7	0.28	0.28	0.56	3.8
Tb	2.39	2.38	4.77	66.3	4.00	4.06	8.06	28.0	0.30	0.32	0.62	4.3
Dy	2.39	2.38	4.77	66.7	3.97	4.02	7.99	27.9	0.30	0.31	0.61	4.2
Ho	2.39	2.39	4.78	66.9	3.96	4.00	7.96	27.9	0.30	0.31	0.60	4.2
Er	2.40	2.80	4.80	67.0	3.94	3.97	7.91	27.7	0.29	0.30	0.59	4.1
Tm	2.40	2.39	4.79	67.2	3.92	3.94	7.86	27.7	0.29	0.30	0.60	4.2
Yb	2.38	2.38	4.76	67.6	3.67	3.67	7.34	26.3	0.31	0.31	0.63	4.5
Lu	2.37	2.37	4.74	66.5	3.98	3.98	7.97	28.1	0.32	0.32	0.63	4.5

注：[a] 在单胞中占所有化学成键的百分比。

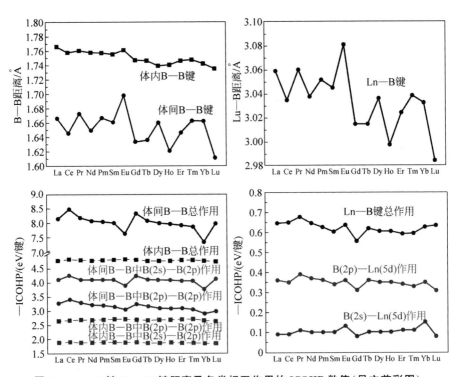

图 6.5　B—B 键、Ln—B 键距离及各类相互作用的 ICOHP 数值（见文前彩图）

图 6.6 更加详细地对比了 LaB$_6$ 中体内和体间 B—B 键的 COHP 曲线图。其中最为显著的特征是体间 B—B 键长度平均仅比体内 B—B 键长度短 0.1Å,但体间 B—B 键的 ICOHP 值(-8.15 eV/键)几乎是体内 B—B 键 (-4.78 eV/键)的近两倍,原因是 2s 轨道的强烈混合(参见下面讨论)。因此,虽然体内 B—B 相互作用保证了 B$_6$ 骨架的稳定性,但体间 B—B 键(在 B$_2$ 哑铃状结构中)将相邻的 B$_6$ 单元紧密连接在一起。相比之下,Ln—B 键相互作用的共价性相对于两种 B—B 键相互作用都要弱得多,但不可忽略。其中,Ln 5d-B 2p 相互作用对 Ln—B 成键贡献最大,尽管价带中只有少量的 5d 特征。不出所料,由于 4f 轨道的强烈收缩,4f 对 Ln—B 键几乎没有贡献。

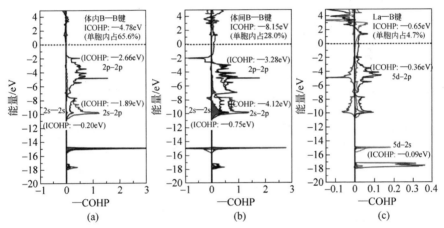

图 6.6 LaB$_6$ 中体内 B—B 键、体间 B—B 键及 La—B 键的 COHP 图像

在每一个单胞中,有 12 根体内 B—B 键、3 根体间 B—B 键

在图 6.6 中,为了比较体内 B—B 键和体间 B—B 键的内部特征,将总的 B—B 作用分解为 2s-2p,2p-2p 等轨道对之间相互作用的贡献,以及 La 5d—B 2p 在 La—B 相互作用的贡献。由图可知,2s-2s,2s-2p,2p-2p 均对体间 B—B 键有着不可忽视的作用,特别是 2s-2p 的占比更大。与体内 B—B 键相比,体间 B—B 键中 B 的 2s 轨道的稳定化作用更强,由此,2s-2s 的相互作用也导致了更短的 B—B 键长。从图 6.6(b)可以发现,在能量范围 -3~-2 eV,有少量来自于 2p-2p 反键态的贡献,这一结果有力地说明了为何在体内 B—B 键的成键作用中 2s-2p 的 ICOHP 值(-4.12eV/键)要强于 2p-2p(-3.28 eV/键)的相应数值。图 6.6(c)比较了 La—B 的结合模式和每个主要轨道对的贡献。6 个 La—B 键主要来自 La 的 5d 轨道和 B 2p 轨道之间的相互作用,只占据了单胞中所有键能总和的 4.7%。由此可以

间接得知 La 和周围的 B 框架是通过强烈的静电相互作用结合在一起。其他 LnB_6 体系也具有类似的结论,如图 6.7 所示,其中 CeB_6 和 PrB_6 作为基准零点是由于其最大的 2s-2p/2p-2p 和 5d-2p 的轨道贡献。

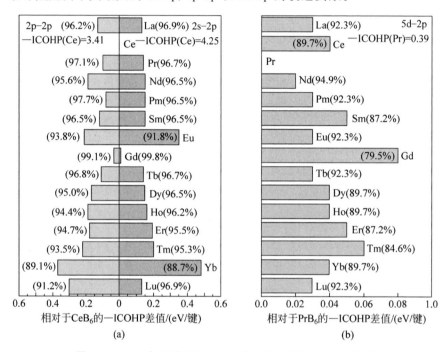

图 6.7 B—B 相互作用和 Ln—B 相互作用的—ICOAP 差值

(a) B—B 相互作用中 2s-2p 和 2p-2p 相互作用相对于 CeB_6 的—ICOHP 差值(eV/键);

(b) Ln—B 相互作用中 5d-2p 相对于 PrB_6 的差值(eV/键)

6.3.2 镧系元素的氧化态

在实验研究中,一般采用 X 射线化学位移法对稀土六硼酸盐的氧化态进行测试。实验表明除了二价的 EuB_6 和 YbB_6 外,几乎所有的稀土元素都表现为三价。特别地,SmB_6 作为一个特例拥有混合氧化态特性[209,276]。原则上,在理论计算研究中,氧化态可以通过 Mulliken 和 Löwdin 分析半定量得到并加以预测。图 6.8 和表 6.4 分别展示了镧系元素 6s,5d 和 4f 上的电子占据数(occupation numbers,ONs)。可知,无论是二价还是三价 Ln 原子,它们的电子构型均为 $4f^{n-2/3}5d^0$(这里的 n 为镧系原子价电子总数)。三价 Ln 将两个 6s 电子转移至周围的 B_6 框架,因此引发了稳定化的 Madelung 场,另外的电子则保留在 Ln 原子的 5d 轨道上。总体来看,在整个系列中 Ln 原子只是在 4f 电子上表现出不同,Lu 具有最多的 4f 电子数,磁矩则由于 4f 电子不同的配对情况呈现火山型曲线。

基于重组原子轨道所得的 Mulliken 和 Löwdin 电荷图像彼此相似,二者只相差一个常数,使得 Mulliken 曲线上移。金属上 4f 电子数目分布在 +1.6(Mulliken)和 +1.0(Löwdin)之间,认为这些数字表明金属典型的 +3 氧化态。但也有明显的例外,如 Eu 和 Yb(红色)具有较小的数值(特别是 Löwdin 方法),这与实验数值吻合。值得注意的是,Sm 与三价镧系元素并无显著差异,Ce(原子构型为 $4f^1 5d^1 6s^2$)虽然形式上也是三价的,但其计算所得电荷量更高,表明铈具有四价的倾向[277]。

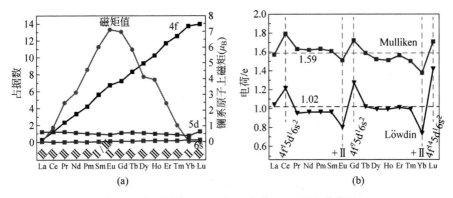

图 6.8 镧系元素 6s, 5d 和 4f 上的 ONs(见文前彩图)
(a) LnB_6(Ln=La~Lu)中 Ln 原子各个轨道上占据数及镧系元素上的磁矩值;
(b) 通过 Mulliken 和 Löwdin 方法得到的原子电荷

表 6.4 Ln 在原子状态和在 LnB_6 固相中的电子构型、氧化态及使用 Mulliken(M) 和 Löwdin(L) 方法得到的在各个原子轨道上的电荷分布

	原子构型	固体构型	氧化态	4f M	4f L	5d M	5d L	6s M	6s L	电荷 M	电荷 L
La	$5d^1 6s^2$	$4f^0 5d^1$	Ⅲ	0.26	0.30	1.22	1.51	0.19	0.36	1.57	1.04
Ce	$4f^1 5d^1 6s^2$	$4f^1 5d^1$	Ⅲ	1.19	1.19	1.22	1.46	0.08	0.34	1.79	1.21
Pr	$4f^3 6s^2$	$4f^2 5d^1$	Ⅲ	2.22	2.22	1.21	1.55	0.19	0.39	1.63	0.95
Nd	$4f^4 6s^2$	$4f^3 5d^1$	Ⅲ	3.25	3.26	1.10	1.44	0.17	0.38	1.62	0.96
Pm	$4f^5 6s^2$	$4f^4 5d^1$	Ⅲ	4.23	4.23	1.01	1.35	0.16	0.37	1.63	0.96
Sm	$4f^6 6s^2$	$4f^5 5d^1$	Ⅱ/Ⅲ a	5.61	5.63	0.92	1.26	0.12	0.35	1.61	0.96
Eu	$4f^7 6s^2$	$4f^7 5d^1$	Ⅱ	6.86	6.86	0.76	1.10	0.15	0.25	1.51	0.80
Gd	$4f^7 5d^1 6s^2$	$4f^7 5d^1$	Ⅲ	7.00	7.00	1.28	1.31	0.08	0.34	1.72	1.27
Tb	$4f^9 6s^2$	$4f^8 5d^1$	Ⅲ	8.12	8.12	1.14	1.48	0.20	0.37	1.59	1.02

续表

	原子构型	固体构型	氧化态	4f M	4f L	5d M	5d L	6s M	6s L	电荷 M	电荷 L
Dy	$4f^{10}6s^2$	$4f^9 5d^1$	Ⅲ	9.21	9.21	1.05	1.39	0.21	0.36	1.52	0.99
Ho	$4f^{11}6s^2$	$4f^{10}5d^1$	Ⅲ	10.17	10.17	0.99	1.33	0.21	0.36	1.51	0.99
Er	$4f^{12}6s^2$	$4f^{11}5d^1$	Ⅲ	11.22	11.23	0.92	1.25	0.19	0.35	1.56	1.01
Tm	$4f^{13}6s^2$	$4f^{12}5d^1$	Ⅲ	11.88	11.88	0.85	1.21	0.22	0.35	1.52	1.00
Yb	$4f^{14}6s^2$	$4f^{14}5d^1$	Ⅱ	13.87	13.87	0.75	1.08	0.28	0.35	1.38	0.75
Lu	$4f^{14}5d^1 6s^2$	$4f^{14}5d^1$	Ⅲ	14.00	14.00	1.23	1.49	0.32	0.39	1.71	1.42

注：[a]指 SmB_6 被发现具有混合价态。

从图 6.9 可以看出，计算得到的几何参数的变化在 0.15Å 以内，说明无论是晶胞参数还是 B—B 距离均没有太大变化。这是因为强烈的镧系收缩和 4f 轨道的屏蔽效应使得离子半径变化不大，表现的就是体系的键长参数无显著变化。B_6 框架间距随镧系元素变重呈现越来越小趋势则是由于静电排斥作用的减弱。而图 6.9 存在两组明显转折区域：①拥有 5d 价电子轨道层的 CeB_6，GdB_6 和 LuB_6：较小的金属离子半径和更高的氧化态使得其金属原子电荷更高、晶胞参数更小、体间 B—B 键更短。②二价的 EuB_6 和 YbB_6：其金属原子中的电子占据半占和满占的 4f 轨道，它们具有更小的原子电荷和相对更长的体间 B—B 键。其余的呈现三价镧系原子的体系则位于二者中间的"转折"区域。

另外一个有趣的现象是，CeB_6，GdB_6 和 LuB_6 体系中较大的镧系原子电荷预示着在此三种特殊体系中硼框架接受电子的能力更强，金属在 f^0，f^7，f^{14} 构型下体系具有更强的静电相互作用。因此，体间 B—B 键增强的原因可认为是体系中更多的电子使得价带向 B—B 成键的电子态偏移，这与图 6.6 所示的 COHP 图吻合。

6.3.3 LnB_6 固体与 Ln_2B_8 气相化合物的联系

另外值得关注的一点是，LnB_6 固体可以看成是以 Ln⋯B_8⋯Ln（讨论见第 5 章）[245]为单元构建而来（两个垂直方向无限延伸），如图 6.10 所示。B_8 环的每一个 B 原子隶属于 B_6 八面体的一个顶点。在 Ln_2B_8 的研究中，曾预测所有的镧系元素均可以形成此类反夹心结构，而在 LnB_6 固体中，恰恰所有的镧系元素（除 Pm）均已实现合成和表征。

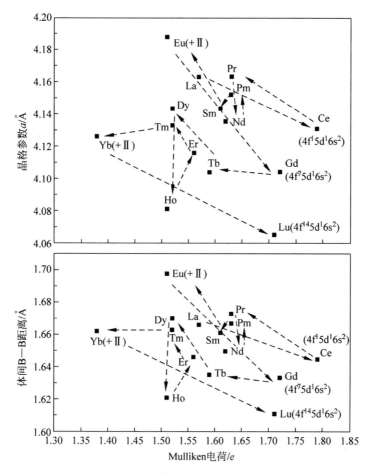

图 6.9 Ln 原子的 Mulliken 电荷和计算所得体间 B—B 距离及晶胞参数 a 之间的关系

图中箭头展现的是从轻到重元素的趋势

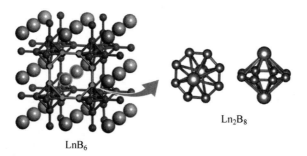

图 6.10 LnB$_6$ 固体和 Ln$_2$B$_8$ 气相化合物的结构联系图(见文前彩图)

灰颜色为 Ln 原子,红颜色为 B 原子

表 6.5　LnB_6 和 Ln_2B_8（Ln=La,Pr,Eu）的结构参数、磁矩及 B—B 键和 Ln—B 键的 ICOHP 值

	LnB_6			Ln_2B_8		
	La	Pr	Eu	La	Pr	Eu
B—B/Å	1.660(1.764)[a]	1.642(1.753)	1.698(1.761)	1.560	1.555	1.551
Ln—B/Å	3.053	3.028	3.081	2.759	2.701	2.759
Ln/μ_B	0.00	2.46	7.10	0.22	2.04	7.01
B/μ_B	0.00	0.00	0.00	0.04	0.01	0.00
B—B 的—ICOHP/(eV/键)	8.15(4.78)	8.47(4.80)	7.63(4.83)	6.36	6.44	6.60
Ln—B 的—ICOHP/(eV/键)	0.65	0.68	0.64	1.36	1.39	1.02

注：[a]代表括号内数值为体间 B—B 键长。

表 6.5 比较了 LnB_6 和 Ln_2B_8 体系的几何结构、磁矩和 ICOHP 值，为了简化计算，只选取了实验上合成出的 La_2B_8，Pr_2B_8 和更重的 Eu_2B_8 作为典型例子进行分析。如前所述，Ln_2B_8 中的 B_8 环可类比于 LnB_6 体系中的 B—B 键，但 LnB_6 中 B—B 键长度要长于孤立的 Ln_2B_8 化合物中相应键长，因为 LnB_6 中每个 B 原子不再由五个相邻 B 原子协调，且每个 B 原子只和两个 Ln 原子相结合。相比之下，这两类体系的 Ln 磁化值十分相近，表明未成对 4f 电子的数量相同。至于 B—B 化学键强的比较，在 Ln_2B_8 体系中的 ICOHP 值分别为 −6.36 eV/键(La)、−6.44(Pr)eV/键、−6.60eV/键(Eu)，与 LnB_6 中平均 B—B 键能相当。而在两类体系中 Ln—B 键均明显比 B—B 键弱许多，Ln_2B_8 中更明显的共价性使得 Ln—B 键相比于 LnB_6 固体中要强。

除了比较几何结构外，还考察了两类体系的电子结构和化学成键特征。简单起见，仅讨论 LaB_6 和 La_2B_8 的异同，其他体系仅仅是 4f 电子态的贡献不同，其他性质与 La 基本相同。如图 6.11 所示，可以发现 LaB_6 和 La_2B_8 的电子态分布情况极其类似，在价带中 La 的 5d 轨道的贡献远小于 B 的 2s 和 2p 轨道，从而导致体系较强的离子性。对比 La_2B_8 的 DOS 图和正则分子轨道图，发现价轨道与态密度具有一一对应的关系。图 6.11(b) 中接近费米能级的电子态对应的是图 6.11(c) 中所示的非占满的、具有 δ 型的 $1e_{2u}$ 轨道，主要相互作用为 La 5d—B 2p。两类体系也有明显的不同点，表现在 B 的 2s 轨道分布情况。在 LaB_6 中，B 的 2s 轨道峰尖锐且更加分裂(大约在 −15eV 处)，而在 La_2B_8 体系中，更多的共价性使得 B 的 2s 轨

道与 B 的 2p、La 的 5d 轨道混合强烈,位于价带中费米能级下 8eV 的位置处。

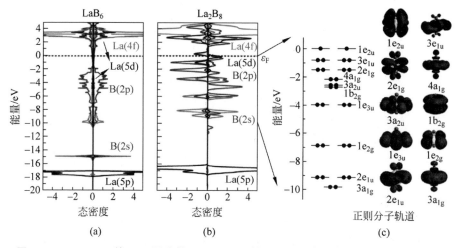

图 6.11 (a) LaB$_6$ 的 DOS 图比较;(b) La$_2$B$_8$ 的 DOS 图比较;(c) La$_2$B$_8$ 的正则分子轨道图(图中轨道的等值面为 0.03 原子单位)(见文前彩图)

图 6.12 使用 COHP 方法具体地比较了两类体系中 La—B 键与 B—B 键的差异。首先,尽管在 LaB$_6$ 中,La 5d—B 2p 相互作用处于费米能级下方的更低位置,但二者的图像大体一致。在 La$_2$B$_8$ 中的 α 自旋通道中,费

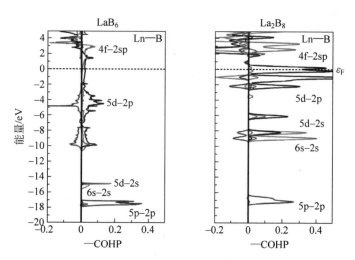

图 6.12 LaB$_6$ 及 La$_2$B$_8$ 中不同轨道对的 COHP 图比较(见文前彩图)

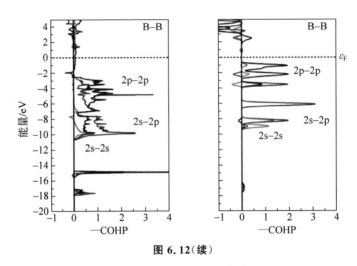

图 6.12（续）

米能级附近存在一个微小能隙,对应分子轨道中的 HOMO-LUMO 间隙。从 COHP 图中也可以得出猜想,体系如果引入额外电子则会进一步带来 La—B 的稳定化能,从而使得部分占据的 δ 成键轨道达到满占。再者,分析 B—B 之间的具体相互作用。为了简化计算和分析,将体间和体内 B—B 键的 COHP 图合并在了一张图中,与二倍的 La_2B_8 中 B—B 键 COHP 图进行比较。二者成键区域均主要落在费米能级以下直至-10eV 处,不同的是固体中 2s-2s,2s-2p 和 2p-2p 相互作用的轨道对集中在一个宽峰内,而在配合物中分布较为分散。不仅如此,还发现在 B—B 作用中,反键态主要处在未占电子的导带区域内,更加说明了体系的稳定性来源。

6.4　总结与展望

在本章中,基于平面波理论分析了镧系六硼化物 LnB_6（Ln=La～Lu）,包括使用 DOS 和 COHP 曲线、Mulliken 和 Löwdin 电荷布居来考察体系的电子结构、成键模式和氧化态。不出所料,硼骨架是由 2s/2p 共价相互作用结合在一起的,而且还有一些较弱的 Ln 5d-B 2p 共价成分。体系主要由静电相互作用构筑在一起,这些静电相互作用的主要来源是一个三价(主要是)的 Ln 原子将约两个电子提供给扩展的硼网络。另一方面,Ln 的 4f 电子由于其半核性质,在磁性能中起着重要的作用,而在化学键合中作用甚微。从数量上讲,2s-2p 轨道对的相互作用是 B—B 键形成的主要原因,而非所预想的 2p-2p 作用主导。这是由于费米能级下存在不可忽视的 2p-2p

反键态。只有在 2s-2p 轨道对相互作用中才发现 B—B 键距离与键合强度之间存在线性关系。同样地，Ln—B 作用主要与 5d-2p 轨道对具有较强的相关性。

此外，还举例说明了计算的电荷和电子占据数如何有助于理解固体中的氧化态形式。除了二价 EuB_6 和 YbB_6，其他 LnB_6 物种均包含 Ln(Ⅲ)，与实验结论一致。Ce,Gd 和 Lu 上所带电荷的微妙变化也被强调了出来，这在一定程度上反映了 B—B 结合强度的变化。固态 LnB_6 和 Ln_2B_8 气相复合物的对比表明，这两种体系在几何形状、电子结构、磁性和化学键合等方面有诸多相似之处，从而展现了化学性质相似的固态和气相物质之间的联系。

第7章 结论与展望

由于硼的缺电子特性，硼团簇易于被各类富电子金属掺杂，从而形成不同的几何、电子结构。不仅如此，体系化学成键形式也随之呈现出多样化特性。在本书中，基于硼团簇的离域特性和金属的成键特征，利用量化手段设计并构筑了多类几何结构的金属掺杂硼团簇，深入挖掘了体系的内在成键规律和稳定性来源，并为新型材料的设计提供了独特的理论依据。具体如下：

（1）建造了类似于碳等多类同素异形体的结构，丰富了硼化学的几何结构多样性。利用不同种类的金属（过渡金属、镧系、锕系元素）与不同尺寸的硼团簇掺杂，实现了金属掺杂硼纳米管、硼墨烯、反夹心硼化物等具有高对称性体系的构造。体系稳定性主要来源于两方面：一是金属通过 d 轨道与硼骨架的离域轨道发生强烈的化学相互作用，二是硼簇本身具有独特的多重芳香性（如 σ 和 π 型芳香性）。

（2）发现了多种独特的化学键型，扩充了化学成键种类，为解释硼基团簇的稳定性提供了有力依据。如在过渡金属掺杂硼纳米管体系中，中心金属根据相位的不同，通过 d 轨道与周围硼团簇可以形成 σ+/−σ，π+/−π 类离域成键；在镧系-硼反夹心化合物中，一类新型的 d-p δ 成键使得体系具有极高的稳定性。

（3）实现了气相配合物与三维材料内在联系的构建，从几何结构、电子构型及成键规律上进行深入挖掘，有助于更系统直观地了解两类体系的性质。如在 CoB_{18}^- 与 RhB_{18}^- 平面/准平面分子中，如果将其二维无限延伸扩展为具有不同孔洞排布的新型金属掺杂硼墨烯材料（metallo-borophene），有趣的是，发现如果将 Ln_2B_8 这类 D_{8h} 反夹心化合物进行三维延伸，可得到已知的广泛存在的 LnB_6 晶体。通过比较可以得到二者在结构、磁性、电子态、成键模式的高度相似性。

展望未来，金属掺杂硼团簇及其材料可以在新型结构的搭建、独特键型的挖掘、可控性质的实现等方面进行开拓。

从构型搭建方面来看，其他种类的金属元素（如重元素、后镧系、锕系等元素)均可以作为掺杂金属与不同原子数目的硼簇掺杂。目前已得到管状和平面结构,多为 3d,4d,5d 过渡金属掺杂,而镧系元素更倾向于形成金属位于顶端、硼簇位于下方的半夹心构型。不同于镧系元素 4f 的强烈收缩,锕系元素中的 5f 和 6d 轨道相对弥散、具有成键能力,因此锕系掺杂硼团簇对于研究 5f 元素与硼的成键规律起着至关重要的作用。而金属掺杂硼球烯(metallo-borospherene)的研究一直较为空白,可以通过扩大金属或硼原子数目,构筑新型金属-硼团簇。

在化学键型挖掘方面,可以利用分子轨道及碎片分析、多中心键划分、局域坐标系统、能量分解、自然轨道等方法对金属和硼的化学相互作用从离域到半定域的角度进行分析。尤其在锕系化合物中,由于 5f 和 6d 轨道均可以成键,使得体系的成键相对复杂多样,而硼的低电子亲合能又容易引发低氧化态的形成,因此选取合适的手段研究金属氧化态规律也是将来的研究重点之一。

在性质的实现方面,金属多具有不成对电子,因此体系多具有优异的磁性质和发光性能。可以从高对称团簇的结构出发进行二维或三维方向的无限延伸构建稳定新型材料,计算其成键特性、电学性质、磁性质、催化、力学性质等,指导实验的成功合成,为设计新型材料提供理论基础。

总之,本书以金属掺杂硼团簇为目标对象,系统深入地研究了体系几何结构随硼簇大小变化的演变规律、电子结构和内在成键特点。在此基础上,又设计了新型金属-硼材料,为功能材料的设计提供了新的理论设计思路,建立了气相配合物和固相晶体的一系列潜在联系。我们相信,随着计算机的发展和实验条件的进步,搭建简单、搜索高效、成键独特、性质可控的金属掺杂硼团簇及其材料将得到更加广泛的关注和研究。

参 考 文 献

[1] LIPSCOMB W N. The boranes and their relatives [J]. Science, 1977, 196: 1047-1055.

[2] KROTO H W, HEATH J R, O'BRIEN S C, et al. C_{60}: Buck minster fullerene [J]. Nature, 1985, 318: 162.

[3] IIJIMA S. Helical microtubules of graphitic carbon[J]. Nature, 1991, 354: 56.

[4] SCHEDIN F, GEIM A K, MOROZOV S V, et al. Detection of individual gas molecules adsorbed on graphene[J]. Nat Mater, 2007, 6: 652.

[5] OGANOV A R, CHEN J, GATTI C, et al. Ionic high-pressure form of elemental boron[J]. Nature, 2009, 457: 863.

[6] BOUSTANI I. New quasi-planar surfaces of bare boron[J]. Surf Sci, 1997, 370: 355-363.

[7] TANG H, ISMAIL-BEIGI S. Novel precursors for boron nanotubes: the competition of two-center and three-center bonding in boron sheets[J]. Phys Rev Lett, 2007, 99: 115501.

[8] YANG X, DING Y, NI J. Ab initio prediction of stable boron sheets and boron nanotubes: structure, stability, and electronic properties[J]. Phys Rev B, 2008, 77: 041402.

[9] GONZALEZ SZWACKI N, SADRZADEH A, YAKOBSON B I. B_{80} fullerene: An ab initio prediction of geometry, stability, and electronic structure [J]. Phys Rev Lett, 2007, 98: 166804.

[10] PRASAD D L V K, JEMMIS E D. Stuffing improves the stability of fullerenelike boron clusters[J]. Phys Rev Lett, 2008, 100: 165504.

[11] LI H, SHAO N, SHANG B, et al. Icosahedral B_{12}^- containing core-shell structures of B_{80}[J]. Chem Commun, 2010, 46: 3878-3880.

[12] ALEXANDROVA A N, BOLDYREV A I, ZHAI H J, et al. All-boron aromatic clusters as potential new inorganic ligands and building blocks in chemistry[J]. Coord Chem Rev, 2006, 250: 2811-2866.

[13] SERGEEVA A P, POPOV I A, PIAZZA Z A, et al. Understanding boron through size-selected clusters: structure, chemical bonding, and fluxionality[J]. Acc Chem Res, 2014, 47: 1349-1358.

[14] WANG L S. Photoelectron spectroscopy of size-selected boron clusters: from

planar structures to borophenes and borospherenes[J]. Int Rev Phys Chem, 2016,35: 69-142.

[15] LI W L, CHEN X,JIAN T,et al. From planar boron clusters to borophenes and metalloborophenes[J]. Nat Rev Chem,2017,1: 0071.

[16] ZHAI H J, KIRAN B, LI J, et al. Hydrocarbon analogues of boron clusters- planarity,aromaticity and antiaromaticity[J]. Nat Mater,2003,2: 827.

[17] KIRAN B, BULUSU S,ZHAI H J,et al. Planar-to-tubular structural transition in boron clusters: B_{20} as the embryo of single-walled boron nanotubes[J]. Proc Natl Acad Sci U S A,2005,102: 961-964.

[18] PIAZZA Z A, HU H S,LI W L,et al. Planar hexagonal B_{36} as a potential basis for extended single-atom layer boron sheets[J]. Nat Commun,2014,5: 3113.

[19] LI W L, CHEN Q, TIAN W J, et al. The B_{35} cluster with a double-hexagonal vacancy: a new and more flexible structural motif for borophene[J]. J Am Chem Soc,2014,136: 12257-12260.

[20] ZHAI H J, ZHAO Y F,LI W L,et al. Observation of an all-boron fullerene[J]. Nat Chem,2014,6: 727.

[21] ZHAI H J, ALEXANDROVA A N, BIRCH K A, et al. Hepta- and octacoordinate boron in molecular wheels of eight- and nine-atom boron clusters: observation and confirmation[J]. Angew Chem Int Ed,2003,42: 6004-6008.

[22] ROMANESCU C, GALEEV T R, LI W L, B et al. Transition-metal-centered monocyclic boron wheel clusters (M ⓒ B_n): a new class of aromatic borometallic compounds[J]. Acc Chem Res,2013,46: 350-358.

[23] MANNIX A J, ZHOU X F, KIRALY B, et al. Synthesis of borophenes: anisotropic, two-dimensional boron polymorphs [J]. Science, 2015, 350: 1513-1516.

[24] FENG B,ZHANG J, ZHONG Q, et al. Experimental realization of two- dimensional boron sheets[J]. Nat Chem,2016,8: 563.

[25] STOCK A, MASSENEZ C. Borwasserstoffe [J]. Berichte der deutschen chemischen gesellschaft,1912,45: 3539-3568.

[26] STOCK A. Hydrides of boron and silicon[M]. Cornell University Press: Ithaca, NY,1933.

[27] DILTHEY W. Uber die konstitution des wassers[J]. Angew. Chem, 1921, 34: 596.

[28] PRICE W. The structure of diborane[J]. J Chem Phys,1947,15: 614-614.

[29] PRICE W C. The absorption spectrum of diborane[J]. J Chem Phys,1948,16: 894-902.

[30] BELL R P, LONGUET-HIGGINS H C,BOWEN E J. The normal vibrations of bridge X_2Y_6 molecules[J]. Proc R Soc London,A,1945,183: 357-374.

[31] HEDBERG K, SCHOMAKER V. A reinvestigation of the structures of diborane and ethane by electron diffraction[J]. J Am Chem Soc,1951,73: 1482-1487.

[32] LIPSCOMB W N. Boron hydrides. [M]. Benjamin,New York,1963.

[33] PITZER K S. Electron deficient molecules. I. the principles of hydroboron structures[J]. J Am Chem Soc,1945,67: 1126-1132.

[34] EBERHARDT W H, JR. B C,LIPSCOMB W N. The valence structure of the boron hydrides[J]. J Chem Phys,1954,22: 989-1001.

[35] ZHAI H J, WANG L S,ALEXANDROVA A N,et al. Electronic structure and chemical bonding of B_5^- and B_5 by photoelectron spectroscopy and ab initio calculations[J]. J Chem Phys,2002,117: 7917-7924.

[36] CHEN Q, TIAN W J,FENG L Y,L et al. Planar B_{38}^- and B_{37}^- clusters with a double-hexagonal vacancy: molecular motifs for borophenes [J]. Nanoscale, 2017,9: 4550-4557.

[37] WANG Y J, ZHAO Y F,LI W L,et al. Observation and characterization of the smallest borospherene,B_{28}^- and B_{28}[J]. J Chem Phys,2016,144: 064307.

[38] LI H R, JIAN T,LI W L,et al. Competition between quasi-planar and cage-like structures in the B_{29}^- cluster: photoelectron spectroscopy and ab initio calculations[J]. Phys Chem Chem Phys,2016,18: 29147-29155.

[39] ZHAO J, HUANG X,SHI R,et al. B_{28}: the smallest all-boron cage from an ab initio global search[J]. Nanoscale,2015,7: 15086-15090.

[40] ALEXANDROVA A N, BOLDYREV A I, ZHAI H J, et al. Electronic structure,isomerism,and chemical bonding in B_7^- and B_7[J]. J Phys Chem A, 2004,108: 3509-3517.

[41] ROMANESCU C, SERGEEVA A P,LI W L,et al. Planarization of B_7^- and B_{12}^- clusters by isoelectronic substitution: AlB_6^- and AlB_{11}^-[J]. J Am Chem Soc, 2011,133: 8646-8653.

[42] GINDULYTÉ A, LIPSCOMB W N,MASSA L. Proposed boron nanotubes[J]. Inorg Chem,1998,37: 6544-6545.

[43] BOUSTANI I, QUANDT A, HERNÁNDEZ E, et al. New boron based nanostructured materials[J]. J Chem Phys,1999,110: 3176-3185.

[44] EVANS M H, JOANNOPOULOS J,PANTELIDES S T. Electronic and mechanical properties of planar and tubular boron structures[J]. Phys Rev B,2005,72: 045434.

[45] KUNSTMANN J, QUANDT A. Broad boron sheets and boron nanotubes: an ab initio study of structural,electronic,and mechanical properties[J]. Phys Rev B,2006,74: 035413.

[46] LAU K C, PANDEY R. Stability and electronic properties of atomistically-engineered 2D boron sheets[J]. J Phys Chem C,2007,111: 2906-2912.

[47] PENEV E S, BHOWMICK S, SADRZADEH A,et al. Polymorphism of two-

dimensional boron[J]. Nano Lett,2012,12: 2441-2445.

[48] WU X, DAI J, ZHAO Y, et al. Two-dimensional boron monolayer sheets[J]. ACS Nano,2012,6: 7443-7453.

[49] LIU Y, PENEV E S, YAKOBSON B I. Probing the synthesis of two-dimensional boron by first-principles computations[J]. Angew Chem Int Ed,2013,52: 3156-3159.

[50] ZHANG Z, YANG Y, GAO G, et al. Two-dimensional boron monolayers mediated by metal substrates[J]. Angew Chem Int Ed,2015,54: 13022-13026.

[51] XU S, ZHAO Y, LIAO J, et al. The nucleation and growth of borophene on the Ag (111) surface[J]. Nano Res,2016,9: 2616-2622.

[52] ZHANG Z, MANNIX A J, HU Z, et al. Substrate-induced nanoscale undulations of borophene on silver[J]. Nano Lett,2016,16: 6622-6627.

[53] MANNIX A J, KIRALY B, HERSAM M C, et al. Synthesis and chemistry of elemental 2D materials[J]. Nat Rev Chem,2017,1: 0014.

[54] SHU H, LI F, LIANG P, et al. Unveiling the atomic structure and electronic properties of atomically thin boron sheets on an Ag(111) surface[J]. Nanoscale, 2016,8: 16284-16291.

[55] ZABOLOTSKIY A D, LOZOVIK Y E. Strain-induced pseudomagnetic field in the Dirac semimetal borophene[J]. Phys Rev B,2016,94: 165403.

[56] SUN H, LI Q, WAN X G. First-principles study of thermal properties of borophene[J]. Phys Chem Chem Phys,2016,18: 14927-14932.

[57] ZHAO Y, ZENG S, NI J. Phonon-mediated superconductivity in borophenes[J]. Appl Phys Lett,2016,108: 242601.

[58] PENEV E S, KUTANA A, YAKOBSON B I. Can two-dimensional boron superconduct? [J]. Nano Lett,2016,16: 2522-2526.

[59] GAO M, LI Q Z, YAN X W, et al. Prediction of phonon-mediated superconductivity in borophene[J]. Phys Rev B,2017,95: 024505.

[60] POPOV I A, JIAN T, LOPEZ G V, et al. Cobalt-centred boron molecular drums with the highest coordination number in the CoB_{16}^- cluster[J]. Nat Commun, 2015,6: 8654.

[61] EDELSTEIN N M. Lanthanide and actinide chemistry and spectroscopy[J]. ACS Publications: 1980.

[62] DUMAS T, GUILLAUMONT D, FILLAUX C, et al. The nature of chemical bonding in actinide and lanthanide ferrocyanides determined by X-ray absorption spectroscopy and density functional theory[J]. Phys Chem Chem Phys,2016,18: 2887-2895.

[63] VLAISAVLJEVICH B, MIRÓ P, CRAMER C J, et al. On the nature of actinide-and lanthanide-metal bonds in heterobimetallic compounds[J]. Chem-Eur J, 2011, 17: 8424-8433.

[64] SCHULTZ L, WECKER J, HELLSTERN E. Formation and properties of NdFeB prepared by mechanical alloying and solid-state reaction[J]. J Appl Phys, 1987,61: 3583-3585.

[65] MULLIKEN R S. Chemical bonding[J]. Annu Rev Phys Chem,1978,29: 1-31.

[66] KUTZELNIGG W. Chemical bonding in higher main group elements[J]. Angew Chem Int Ed,1984,23: 272-295.

[67] HUGHBANKS T, HOFFMANN R. Molybdenum chalcogenides: clusters, chains,and extended solids. The approach to bonding in three dimensions[J]. J Am Chem Soc,1983,105: 1150-1162.

[68] DRONSKOWSKI R. Computational chemistry of solid state materials: a guide for materials scientists,chemists,physicists and others[M]. John Wiley & Sons: 2008.

[69] DRONSKOWSKI R, BLÖCHL P E. Crystal orbital Hamilton populations (COHP): energy-resolved visualization of chemical bonding in solids based on density-functional calculations[J]. J Phys Chem,1993,97: 8617-8624.

[70] MAINTZ S,DERINGER V L, TCHOUGRÉEFF A L,et al. LOBSTER: A tool to extract chemical bonding from plane-wave based DFT[J]. J Comput Chem, 2016,37: 1030-1035.

[71] TANG Y,ZHAO S, LONG B,et al. On the nature of support effects of metal dioxides MO_2 (M = Ti,Zr,Hf,Ce,Th) in single-atom gold catalysts: importance of quantum primogenic effect[J]. J Phys Chem C,2016,120: 17514-17526.

[72] LIU J C,MA X L, LI Y,et al. Heterogeneous Fe_3 single-cluster catalyst for ammonia synthesis via an associative mechanism [J]. Nat Commun, 2018, 9: 1610.

[73] LÖWDIN P O. Quantum theory of many-particle systems. III. Extension of the Hartree-Fock scheme to include degenerate systems and correlation effects[J]. Phys Rev,1955,97: 1509-1520.

[74] WIGNER E. On the interaction of electrons in metals[J]. Phys Rev,1934,46: 1002-1011.

[75] ROOS B O, TAYLOR P R, SIEGBAHN P E M. A complete active space SCF method (CASSCF) using a density matrix formulated super-CI approach[J]. Chem Phys,1980,48: 157-173.

[76] SIEGBAHN P E M, ALMLÖF J,HEIBERG A,et al. The complete active space SCF (CASSCF) method in a Newton-Raphson formulation with application to the HNO molecule[J]. J Chem Phys,1981,74: 2384-2396.

[77] KURASHIGE Y, CHAN G K L, YANAI T. Entangled quantum electronic wavefunctions of the Mn_4CaO_5 cluster in photosystem II[J]. Nat Chem,2013,5: 660.

[78] SHARMA S, SIVALINGAM K, NEESE F, et al. Low-energy spectrum of iron-sulfur clusters directly from many-particle quantum mechanics[J]. Nat Chem, 2014,6: 927.

[79] HOHENBERG P, KOHN W. Inhomogeneous electron gas[J]. Phys Rev,1964, 136: B864-B871.

[80] LEVY M. Universal variational functionals of electron densities, first-order density matrices, and natural spin-orbitals and solution of the v-representability problem[J]. Proc. Natl. Acad. Sci. USA. ,1979,76: 6062-6065.

[81] KOHN W, SHAM L J. Self-consistent equations including exchange and correlation effects[J]. Phys Rev,1965,140: A1133-A1138.

[82] PERDEW J P, SCHMIDT K. Jacob's ladder of density functional approximations for the exchange-correlation energy[J]. AIP Conf Proc, 2001, 577: 1-20.

[83] WANG J Q, CHEN C X, HAN S H, et al. Triple bonds between iron and heavier group 15 elements in $AFe(CO)_3^-$ (A=As,Sb,Bi) complexes[J]. Angew Chem Int Ed,2018,57: 542-546.

[84] CHI C, WANG J Q, QU H, et al. Preparation and characterization of uranium-iron triple-bonded $UFe(CO)_3^-$ and $OUFe(CO)_3^-$ complexes[J]. Angew Chem Int Ed,2017,56: 6932-6936.

[85] RUNGE E, GROSS E K U. Density-functional theory for time-dependent systems[J]. Phys Rev Lett,1984,52: 997-1000.

[86] SU J, XU W H, XU C F, et al. Theoretical studies on the photoelectron and absorption spectra of MnO_4^- and TcO_4^- [J]. Inorg Chem,2013,52: 9867-9874.

[87] SU J, ZHANG K, SCHWARZ W H E, et al. Uranyl-glycine-water complexes in solution: comprehensive computational modeling of coordination geometries, stabilization energies, and luminescence properties[J]. Inorg Chem, 2011, 50: 2082-2093.

[88] SU J, BATISTA E R, BOLAND K S, et al. Energy-degeneracy-driven covalency in actinide bonding[J]. J Am Chem Soc,2018,140: 17977-17984.

[89] KLEPPNER D. A short history of atomic physics in the twentieth century[J]. Rev Mod Phys,1999,71: S78-S84.

[90] REIHER M. Douglas-Kroll-Hess theory: a relativistic electrons-only theory for chemistry[J]. Theor Chem Acc,2006,116: 241-252.

[91] VAN LENTHE E, BAERENDS E J, SNIJDERS J G. Relativistic regular two-component Hamiltonians[J]. J Chem Phys,1993,99: 4597-4610.

[92] LENTHE E V, BAERENDS E J, SNIJDERS J G. Relativistic total energy using regular approximations[J]. J Chem Phys,1994,101: 9783-9792.

[93] LIU W. Ideas of relativistic quantum chemistry [J]. Mol Phys, 2010, 108:

1679-1706.

[94] SEIJO L, BARANDIARÁN Z, HARGUINDEY E. The ab initio model potential method: lanthanide and actinide elements[J]. J Chem Phys, 2001, 114: 118-129.

[95] ZUBAREV D Y, BOLDYREV A I. Developing paradigms of chemical bonding: adaptive natural density partitioning[J]. Phys Chem Chem Phys, 2008, 10: 5207-5217.

[96] FOSTER J, WEINHOLD F. Natural hybrid orbitals[J]. J Am Chem Soc, 1980, 102: 7211-7218.

[97] REED A E, CURTISS L A, WEINHOLD F. Intermolecular interactions from a natural bond orbital, donor-acceptor viewpoint[J]. Chem Rev, 1988, 88: 899-926.

[98] MITORAJ M, MICHALAK A. Natural orbitals for chemical valence as descriptors of chemical bonding in transition metal complexes[J]. J Mol Model, 2007, 13: 347-355.

[99] GALEEV T R, ROMANESCU C, LI W L, et al. Observation of the highest coordination number in planar species: decacoordinated $Ta©B_{10}^-$ and $Nb©B_{10}^-$ anions[J]. Angew Chem Int Ed, 2012, 51: 2101-2105.

[100] HEINE T, MERINO G. What is the maximum coordination number in a planar structure?[J]. Angew Chem Int Ed, 2012, 51: 4275-4276.

[101] POPOV I A, LI W L, PIAZZA Z A, et al. Complexes between planar boron clusters and transition metals: a photoelectron spectroscopy and ab initio study of CoB_{12}^- and RhB_{12}^-[J]. J Phys Chem A, 2014, 118: 8098-8105.

[102] XU C, CHENG L, YANG J. Double aromaticity in transition metal centered double-ring boron clusters $M@B_{2n}$ (M=Ti, Cr, Fe, Ni, Zn; n=6,7,8)[J]. J Chem Phys, 2014, 141: 124301.

[103] TAM N M, PHAM H T, DUONG L V, et al. Fullerene-like boron clusters stabilized by an endohedrally doped iron atom: B_nFe with n = 14, 16, 18 and 20[J]. Phys Chem Chem Phys, 2015, 17: 3000-3003.

[104] PERDEW J P, BURKE K, ERNZERHOF M. Generalized gradient approximation made simple[J]. Phys Rev Lett, 1996, 77: 3865-3868.

[105] ADAMO C, BARONE V. Toward reliable density functional methods without adjustable parameters: the PBE0 model[J]. J Chem Phys, 1999, 110: 6158-6170.

[106] PURVIS G D, BARTLETT R J. A full coupled-cluster singles and doubles model: the inclusion of disconnected triples[J]. J Chem Phys, 1982, 76: 1910-1918.

[107] SCUSERIA G E, JANSSEN C L, SCHAEFER H F. An efficient reformulation of the closed-shell coupled cluster single and double excitation (CCSD) equations [J]. J Chem Phys, 1988, 89: 7382-7387.

[108] CHEN X, ZHAO Y F, WANG L S, et al. Recent progresses of global minimum searches of nanoclusters with a constrained Basin-Hopping algorithm in the TGMin program[J]. Comput Theor Chem, 2017, 1107: 57-65.

[109] ZHAO Y, CHEN X, LI J. TGMin: A global-minimum structure search program based on a constrained basin-hopping algorithm[J]. Nano Res, 2017, 10: 3407-3420.

[110] CHEN X, ZHAO Y F, ZHANG Y Y, et al. TGMin: An efficient global minimum searching program for free and surface-supported clusters[J]. J Comput Chem, 2018, 9999: 1-8.

[111] The netherlands[Z/OL]. http://www.scm.com.

[112] SERGEEVA A P, AVERKIEV B B, ZHAI H J, et al. All-boron analogues of aromatic hydrocarbons: B_{17}^- and B_{18}^-[J]. J Chem Phys, 2011, 134: 224304.

[113] VAN LENTHE E, BAERENDS E J. Optimized Slater-type basis sets for the elements 1-118[J]. J Comput Chem, 2003, 24: 1142-1156.

[114] WERNER H J, KNOWLES P J, et al., Molpro 2012[Z/OL]. http://www.molpro.net.

[115] DUNNING J T H. Gaussian basis sets for use in correlated molecular calculations. I. the atoms boron through neon and hydrogen[J]. J Chem Phys, 1989, 90: 1007-1023.

[116] DOLG M, WEDIG U, STOLL H, et al. Energy-adjusted ab initio pseudopotentials for the first row transition elements[J]. J Chem Phys, 1987, 86: 866-872.

[117] MARTIN J M L, SUNDERMANN A. Correlation consistent valence basis sets for use with the Stuttgart-Dresden-Bonn relativistic effective core potentials: The atoms Ga-Kr and In-Xe[J]. J Chem Phys, 2001, 114: 3408-3420.

[118] FIGGEN D, PETERSON K A, DOLG M, et al. Energy-consistent pseudopotentials and correlation consistent basis sets for the 5d elements Hf-Pt[J]. J Chem Phys, 2009, 130: 164108.

[119] WANG F, ZIEGLER T, LENTHE E V, et al. The calculation of excitation energies based on the relativistic two-component zeroth-order regular approximation and time-dependent density-functional with full use of symmetry[J]. J Chem Phys, 2005, 122: 204103.

[120] SCHIPPER P R T, GRITSENKO O V, GISBERGEN S J A V, et al. Molecular calculations of excitation energies and (hyper)polarizabilities with a statistical average of orbital model exchange-correlation potentials[J]. J Chem Phys, 2000, 112: 1344-1352.

[121] DAU P D, SU J, LIU H T, et al. Observation and investigation of the uranyl tetrafluoride dianion ($UO_2F_4^{2-}$) and its solvation complexes with water and acetonitrile[J]. Chem Sci, 2012, 3: 1137-1146.

[122] SU J, DAU P D, XU C F, et al. A joint photoelectron spectroscopy and theoretical study on the electronic structure of UCl_5^- and UCl_5 [J]. Chem. -Asian J., 2013, 8: 2489-2496.

[123] SU J, DAU P D, QIU Y H, et al. Probing the electronic structure and chemical bonding in tricoordinate uranyl complexes $UO_2X_3^-$ (X = F, Cl, Br, I): competition between coulomb repulsion and U-X bonding[J]. Inorg Chem, 2013, 52: 6617-6626.

[124] LI W L, SU J, JIAN T, et al. Strong electron correlation in UO_2^-: a photoelectron spectroscopy and relativistic quantum chemistry study[J]. J Chem Phys, 2014, 140: 094306.

[125] VANDEVONDELE J, KRACK M, MOHAMED F, et al. Quickstep: Fast and accurate density functional calculations using a mixed Gaussian and plane waves approach[J]. Comput Phys Commun, 2005, 167: 103-128.

[126] NOSÉ S. An extension of the canonical ensemble molecular dynamics method[J]. Mol Phys, 1986, 57: 187-191.

[127] HOOVER W. Canonical dynamics-method for simulations in the canonical ensemble[J]. Phys. Rev. A: At. Mol. Opt. Phys, 1985, 31: 1695-1697.

[128] PYYKKÖ P. Additive covalent radii for single-, double-, and triple-bonded molecules and tetrahedrally bonded crystals: a summary[J]. J Phys Chem A, 2015, 119: 2326-2337.

[129] JIAN T, LI W L, POPOV I A, et al. Manganese-centered tubular boron cluster-MnB_{16}^-: a new class of transition-metal molecules[J]. J Chem Phys, 2016, 144: 154310.

[130] COTTON F A, HAAS T E. A molecular orbital treatment of the bonding in certain metal atom clusters[J]. Inorg Chem, 1964, 3: 10-17.

[131] LI W L, XU C Q, HU S X, et al. Theoretical studies on the bonding and electron structures of a $[Au_3Sb_6]^{3-}$ complex and its oligomers[J]. Dalton Trans, 2016, 45: 11657-11667.

[132] XU C Q, XING D H, XIAO H, et al. Manipulating stabilities and catalytic properties of trinuclear metal clusters through tuning the chemical bonding: H_2 adsorption and activation[J]. J Phys Chem C, 2017, 121: 10992-11001.

[133] ZHAO K, PITZER R M. Electronic structure of C_{28}, $Pa@C_{28}$, and $U@C_{28}$[J]. J Phys Chem, 1996, 100: 4798-4802.

[134] WANG X, CHO H G, ANDREWS L, et al. Matrix infrared spectroscopic and computational investigations of the lanthanide-methylene complexes CH_2LnF_2 with single Ln-C bonds[J]. J Phys Chem A, 2011, 115: 1913-1921.

[135] HU H S, WEI F, WANG X, et al Actinide-silicon multiradical bonding: infrared spectra and electronic structures of the $Si(\mu\text{-}X)AnF_3$ (An=Th, U; X=

H,F) molecules[J]. J Am Chem Soc,2014,136: 1427-1437.

[136] PEARSON R G. The second-order Jahn-Teller effect [J]. J Mol Struc-THEOCHEM,1983,103: 25-34.

[137] SERGEEVA A P, ZUBAREV D Y,ZHAI H J,et al. A photoelectron spectroscopic and theoretical study of B_{16}^- and B_{16}^{2-}: an all-boron naphthalene[J]. J Am Chem Soc,2008,130: 7244-7246.

[138] MAYER I. Charge, bond order and valence in the ab initio SCF theory[J]. Chem Phys Lett,1983,97: 270-274.

[139] GOPINATHAN M S, JUG K. Valency. I. A quantum chemical definition and properties[J]. Theor Chim Acta,1983,63: 497-509.

[140] NALEWAJSKI R F, MROZEK J, MICHALAK A. Two-electron valence indices from the Kohn-Sham orbitals[J]. Int J Quantum Chem, 1997, 61: 589-601.

[141] MICHALAK A,MITORAJ M, ZIEGLER T. Bond orbitals from chemical valence theory[J]. J Phys Chem A,2008,112: 1933-1939.

[142] WIBERG K B. Application of the Pople-Santry-Segal CNDO method to the cyclopropylcarbinyl and cyclobutyl cation and to bicyclobutane[J]. Tetrahedron, 1968,24: 1083-1096.

[143] BICKELHAUPT F M, VAN EIKEMA HOMMES N J R,FONSECA G C,et al. The carbon-lithium electron pair bond in $(CH_3Li)_n$ ($n = 1, 2, 4$) [J]. Organometallics,1996,15: 2923-2931.

[144] HIRSHFELD F L. Bonded-atom fragments for describing molecular charge densities[J]. Theor Chim Acta,1977,44: 129-138.

[145] JIMÉNEZ-HALLA J O C,ISLAS R,HEINE T,et al. B_{19}^-: an aromatic Wankel motor[J]. Angew Chem Int Ed,2010,49: 5668-5671.

[146] MARTÍNEZ-GUAJARDO G, SERGEEVA A P, BOLDYREV A I, et al. Unravelling phenomenon of internal rotation in B_{13}^+ through chemical bonding analysis[J]. Chem Commun,2011,47: 6242-6244.

[147] ZHANG J,SERGEEVA A P, SPARTA M,et al. B_{13}^+: a photodriven molecular Wankel engine[J]. Angew Chem Int Ed,2012,51: 8512-8515.

[148] MORENO D,PAN S, ZEONJUK L L,et al. B_{18}^{2-}: a quasi-planar bowl member of the Wankel motor family[J]. Chem Commun,2014,50: 8140-8143.

[149] ERHARDT S,FRENKING G, CHEN Z, et al. Aromatic boron wheels with more than one carbon atom in the center: C_2B_8, $C_3B_9^{3+}$, and $C_5B_{11}^+$ [J]. Angew Chem Int Ed,2005,44: 1078-1082.

[150] WANG L M,HUANG W, AVERKIEV B B, et al. CB_7^-: experimental and theoretical evidence against hypercoordinate planar carbon[J]. Angew Chem Int Ed,2007,46: 4550-4553.

[151] AVERKIEV B B, ZUBAREV D Y, WANG L M, et al. Carbon avoids hypercoordination in CB_6^-, CB_6^{2-}, and $C_2B_5^-$ planar carbon-boron clusters[J]. J Am Chem Soc,2008,130: 9248-9250.

[152] AVERKIEV B B, WANG L M, HUANG W, et al. Experimental and theoretical investigations of CB_8^-: towards rational design of hypercoordinated planar chemical species[J]. Phys Chem Chem Phys,2009,11: 9840-9849.

[153] MCKAY D, MACGREGOR S A, WELCH A J. Isomerisation of nido-$[C_2B_{10}H_{12}]^{2-}$ dianions: unprecedented rearrangements and new structural motifs in carborane cluster chemistry[J]. Chem Sci,2015,6: 3117-3128.

[154] LI W L, PAL R, PIAZZA Z A, et al. B_{27}^-: Appearance of the smallest planar boron cluster containing a hexagonal vacancy [J]. J Chem Phys, 2015, 142: 204305.

[155] WEI L L, YA F Z, HAN S H, et al. $[B_{30}]^-$: a quasiplanar chiral boron cluster[J]. Angew Chem Int Ed,2014,53: 5540-5545.

[156] LUO X M, JIAN T, CHENG L J, et al. B_{26}^-: The smallest planar boron cluster with a hexagonal vacancy and a complicated potential landscape[J]. Chem Phys Lett,2017,683: 336-341.

[157] TAI G, HU T, ZHOU Y, et al. Synthesis of atomically thin boron films on copper foils[J]. Angew Chem Int Ed,2015,54: 15473-15477.

[158] ISLAS R, HEINE T, ITO K, et al. Boron rings enclosing planar hypercoordinate group 14 elements [J]. J Am Chem Soc, 2007, 129: 14767-14774.

[159] AVERKIEV B B, BOLDYREV A I. Theoretical design of planar molecules with a nona- and decacoordinate central atom[J]. Russ J Gen Chem,2008,78: 769-773.

[160] GUO J, YAO W, LI Z, et al. Planar or quasi-planar octa- and ennea-coordinate aluminum and gallium in boron rings[J]. Sci China Ser B: Chem,2009,52: 566-570.

[161] LI W-L, ROMANESCU C, GALEEV T R, et al. Aluminum avoids the central position in AlB_9^- and AlB_{10}^-: photoelectron spectroscopy and ab initio study[J]. J Phys Chem A,2011,115: 10391-10397.

[162] GALEEV T R, ROMANESCU C, LI W L, et al. Valence isoelectronic substitution in the B_8^- and B_9^- molecular wheels by an Al dopant atom: Umbrella-like structures of AlB_7^- and AlB_8^- [J]. J Chem Phys, 2011, 135: 104301.

[163] PETERSON K A, FIGGEN D, DOLG M, et al. Energy-consistent relativistic pseudopotentials and correlation consistent basis sets for the 4d elements Y-Pd[J]. J Chem Phys,2007,126: 124101.

[164] DENNINGTON R, KEITH T, MILLAM J. GaussView (version 4.1)[M]. Inc.: Shawnee Mission, KS, 2007.

[165] OGER E, CRAWFORD N R M, KELTING R, et al. Boron cluster cations: transition from planar to cylindrical structures[J]. Angew Chem Int Ed, 2007, 46: 8503-8506.

[166] ROMANESCU C, GALEEV T R, LI W L, et al. Aromatic metal-centered monocyclic boron rings: Co@B_8^- and Ru©B_9^- [J]. Angew Chem Int Ed, 2011, 50: 9334-9337.

[167] LI W L, ROMANESCU C, PIAZZA Z A, et al. Geometrical requirements for transition-metal-centered aromatic boron wheels: the case of VB_{10}^- [J]. Phys Chem Chem Phys, 2012, 14: 13663-13669.

[168] CUI P, HU H S, ZHAO B, et al. A multicentre-bonded [Zn^I]$_8$ cluster with cubic aromaticity[J]. Nat Commun, 2015, 6: 6331.

[169] HU H C, HU H S, ZHAO B, et al. Metal-organic frameworks (MOFs) of a cubic metal cluster with multicentered Mn^I-Mn^I bonds[J]. Angew Chem Int Ed, 2015, 54: 11681-11685.

[170] ZHANG H, LI Y, HOU J, et al. FeB_6 monolayers: The graphene-like material with hypercoordinate transition metal[J]. J Am Chem Soc, 2016, 138: 5644-5651.

[171] NAGAMATSU J, NAKAGAWA N, MURANAKA T, et al. Superconductivity at 39 K in magnesium diboride[J]. Nature, 2001, 410: 63.

[172] CHUNG H Y, WEINBERGER M B, LEVINE J B, et al. Synthesis of ultra-incompressible superhard rhenium diboride at ambient pressure[J]. Science, 2007, 316: 436-439.

[173] SCHEIFERS J P, ZHANG Y, FOKWA B P T. Boron: enabling exciting metal-rich structures and magnetic properties [J]. Acc Chem Res, 2017, 50: 2317-2325.

[174] LI X, ZHU H. Two-dimensional MoS_2: properties, preparation, and applications[J]. J Mat, 2015, 1: 33-44.

[175] AKOPOV G, YEUNG M T, KANER R B. Rediscovering the crystal chemistry of borides[J]. Adv Mater, 2017, 29: 1604506.

[176] CARENCO S, PORTEHAULT D, BOISSIÈRE C, et al. Nanoscaled metal borides and phosphides: recent developments and perspectives[J]. Chem Rev, 2013, 113: 7981-8065.

[177] LI W L, JIAN T, CHEN X, et al. Observation of a metal-centered B_2-Ta@B_{18}^- tubular molecular rotor and a perfect Ta@B_{20}^- boron drum with the record coordination number of twenty[J]. Chem Commun, 2017, 53: 1587-1590.

[178] JIAN T, LI W L, CHEN X, et al. Competition between drum and quasi-planar structures in RhB_{18}^-: motifs for metallo-boronanotubes and metallo-borophenes

[J]. Chem Sci,2016,7: 7020-7027.

[179] ROBINSON P J, ZHANG X, MCQUEEN T, et al. SmB$_6^-$ cluster anion: covalency involving f orbitals[J]. J Phys Chem A,2017,121: 1849-1854.

[180] CHEN T T,LI W L, JIAN T, et al. PrB$_7^-$: A praseodymium-doped boron cluster with a Pr^{II} center coordinated by a doubly aromatic planar η^7-B$_7^{3-}$ ligand [J]. Angew Chem Int Ed,2017,56: 6916-6920.

[181] 宋天佑,程鹏,王杏乔. 无机化学[M]. 北京:高等教育出版社,2004.

[182] DUFF A W,JONAS K, GODDARD R, et al. The first triple-decker sandwich with a bridging benzene ring[J]. J Am Chem Soc,1983,105: 5479-5480.

[183] SCHIER A,WALLIS J M, MüLLER G, et al. [C$_6$H$_3$(CH$_3$)$_3$][BiCl$_3$] and [C$_6$(CH$_3$)$_6$][BiCl$_3$]$_2$, arene complexes of bismuth with half sandwich and "inverted" sandwich structures[J]. Angew Chem Int Ed,1986,25: 757-759.

[184] STREITWIESER A, SMITH K A. Inverse sandwich compounds[J]. J Mol Struc-THEOCHEM,1988,163: 259-265.

[185] ARLIGUIE T,LANCE M, NIERLICH M, et al. Inverse cycloheptatrienyl sandwich complexes. crystal structure of [U(BH$_4$)$_2$(OC$_4$H$_8$)$_5$][(BH$_4$)$_3$U(μ-η^7,η^7-C$_7$H$_7$)U(BH$_4$)$_3$] [J]. J Chem Soc,Chem Commun,1994: 847-848.

[186] KRIECK S, GÖRLS H, YU L, et al. Stable "inverse" sandwich complex with unprecedented organocalcium(I): crystal structures of [(thf)$_2$Mg(Br)-C$_6$H$_2$-2, 4,6-Ph$_3$] and [(thf)$_3$Ca{μ-C$_6$H$_3$-1,3,5-Ph$_3$}Ca(thf)$_3$] [J]. J Am Chem Soc, 2009,131: 2977-2985.

[187] DIACONESCU P L, ARNOLD P L, BAKER T A, et al. Arene-bridged diuranium complexes: inverted sandwiches supported by δ backbonding[J]. J Am Chem Soc,2000,122: 6108-6109.

[188] DIACONESCU P L, CUMMINS C C. Diuranium inverted sandwiches involving naphthalene and cyclooctatetraene[J]. J Am Chem Soc,2002,124: 7660-7661.

[189] GARDNER B M, TUNA F, MCINNES E J L, et al. An inverted-sandwich diuranium μ-η^5: η^5-Cyclo-P$_5$ complex supported by U-P$_5$ δ-bonding[J]. Angew Chem Int Ed,2015,54: 7068-7072.

[190] LIDDLE S T. Inverted sandwich arene complexes of uranium[J]. Coord Chem Rev,2015,293-294: 211-227.

[191] CAO X,DOLG M. Valence basis sets for relativistic energy-consistent small-core lanthanide pseudopotentials[J]. J Chem Phys,2001,115: 7348-7355.

[192] CAO X,DOLG M. Segmented contraction scheme for small-core lanthanide pseudopotential basis sets[J]. J Mol Struc-THEOCHEM,2002,581: 139-147.

[193] DOLG M,STOLL H, PREUSS H. Energy-adjusted ab initio pseudopotentials for the rare earth elements[J]. J Chem Phys,1989,90: 1730-1734.

[194] BAIRD N C. Quantum organic photochemistry. II. resonance and aromaticity

in the lowest $^3\pi\pi^*$ state of cyclic hydrocarbons[J]. J Am Chem Soc,1972,94: 4941-4948.

[195] YOUNG D P,HALL D, TORELLI M E, et al. High-temperature weak ferromagnetism in a low-density free-electron gas[J]. Nature,1999,397: 412.

[196] FISK Z,OTT H R, BARZYKIN V,et al. The emerging picture of ferromagnetism in the divalent hexaborides[J]. Physica B,2002,312-313: 808-810.

[197] LILING S,QI W. Pressure-induced exotic states in rare earth hexaborides[J]. Reports on Progress in Physics,2016,79: 084503.

[198] HARTSTEIN M, TOEWS W H,HSU Y T,et al. Fermi surface in the absence of a Fermi liquid in the Kondo insulator SmB_6[J]. Nat Phys,2017,14: 166.

[199] MORI T,OTANI S. Ferromagnetism in lanthanum doped CaB_6: is it intrinsic? [J]. Solid State Commun,2002,123: 287-290.

[200] SUSSARDI A, TANAKA T, KHAN A U, et al Enhanced thermoelectric properties of samarium boride[J]. J Mat,2015,1: 196-204.

[201] LAWRENCE J M, RISEBOROUGH P S, PARKS R D. Valence fluctuation phenomena[J]. Rep. Prog. Phys.,1981,44: 1.

[202] SHIGEHIKO Y. Fundamental physics of vacuum electron sources[J]. Rep. Prog. Phys.,2006,69: 181.

[203] BARANOVSKIY A E, GRECHNEV G E,FIL V D,et al. Electronic structure, bulk and magnetic properties of MB_6 and MB_{12} borides[J]. J Alloys Compd, 2007,442: 228-230.

[204] GESLEY M, SWANSON L W. A determination of the low work function planes of LaB_6[J]. Surf Sci,1984,146: 583-599.

[205] WANG L,LUO G,VALENCIA D,et al. Electronic structures and properties of lanthanide hexaboride nanowires[J]. J Appl Phys,2013,114: 143709.

[206] UIJTTEWAAL M A, DE WIJS G A,DE GROOT R A. Ab initio and work function and surface energy anisotropy of LaB_6[J]. J Phys Chem B,2006,110: 18459-18465.

[207] VANDENBERG J M, MATTHIAS B T,CORENZWIT E,et al. Superconductivity of some binary and ternary transition-metal borides[J]. Mater Res Bull,1975,10: 889-894.

[208] LÜTHI B,BLUMENRÖDER S, HILLEBRANDS B, et al. Elastic and magnetoelastic effects in CeB_6[J]. Zeitschrift für Physik B Condensed Matter, 1984,58: 31-38.

[209] VANSTEIN E E, BLOKHIN S M, PADERNO Y B. X-Ray spectral investigation of samarium hexaboride[J]. Sov. Phys. Solid State,1965,6: 281.

[210] WOLGAST S,KURDAK Ç,SUN K,et al. Low-temperature surface conduction in the Kondo insulator SmB_6[J]. Phys Rev B,2013,88: 180405.

[211] XU N,SHI X,BISWAS P K, et al. Surface and bulk electronic structure of the strongly correlated system SmB_6 and implications for a topological Kondo insulator[J]. Phys Rev B,2013,88: 121102.

[212] ALEKSEEV P A, IVANOV A S, DORNER B, et al. Lattice dynamics of intermediate valence semiconductor SmB_6 [J]. EPL (Europhysics Letters), 1989,10: 457.

[213] PADERNO Y B, POKRZYWNICKI S, STALIŃSKI B. Magnetic properties of some rare earth hexaborides[J]. Phys Status Solidi B,1967,24: K73-K76.

[214] GEBALLE T H, MATTHIAS B T, ANDRES K M, et al. Magnetic ordering in the rare-earth hexaborides[J]. Science,1968,160: 1443-1444.

[215] HACKER H, SHIMADA Y, CHUNG K S. Magnetic properties of CeB_6, PrB_6, EuB_6, and GdB_6[J]. Phys Status Solidi A,1971,4: 459-465.

[216] FISK Z, JOHNSTON D C, CORNUT B, et al. Magnetic, transport, and thermal properties of ferromagnetic EuB_6 [J]. J Appl Phys, 1979, 50: 1911-1913.

[217] MCCARTHY C M, TOMPSON C W. Magnetic structure of NdB_6[J]. J Phys Chem Solids,1980,41: 1319-1321.

[218] MIN B I, JANG Y R. Band folding and Fermi surface in antiferromagnetic NdB_6[J]. Phys Rev B,1991,44: 13270-13276.

[219] SÜLLOW S, PRASAD I, ARONSON M C, et al. Structure and magnetic order of EuB_6[J]. Phys Rev B,1998,57: 5860-5869.

[220] ZHITOMIRSKY M E, RICE T M, ANISIMOV V I. Ferromagnetism in the hexaborides[J]. Nature,1999,402: 251.

[221] OZISIK H, DELIGOZ E, COLAKOGLU K, et al. Structural and mechanical stability of rare-earth diborides[J]. Chinese Phys. B,2013,22: 046202.

[222] DUAN J, ZHOU T, ZHANG L, et al. Elastic properties and electronic structures of lanthanide hexaborides[J]. Chinese Phys. B,2015,24: 096201.

[223] MONNIER R, DELLEY B. Properties of LaB_6 elucidated by density functional theory[J]. Phys Rev B,2004,70: 193403.

[224] ZHANG H, TANG J, ZHANG Q, et al. Field emission of electrons from single LaB_6 nanowires[J]. Adv Mater,2006,18: 87-91.

[225] GÜREL T, ERYIĞIT R. Ab initio lattice dynamics and thermodynamics of rare-earth hexaborides LaB_6 and CeB_6[J]. Phys Rev B,2010,82: 104302.

[226] WANG G, ZHOU M, GOETTEL J T, et al. Identification of an iridium-containing compound with a formal oxidation state of IX[J]. Nature,2014,514: 475.

[227] RIEDEL S, KAUPP M. The highest oxidation states of the transition metal elements[J]. Coord Chem Rev,2009,253: 606-624.

[228] HU S X, LI W L, LU J B, et al. On the upper limits of oxidation states in chemistry[J]. Angew Chem Int Ed, 2018, 57: 3242-3245.

[229] HUANG W, PYYKKÖ P, LI J. Is octavalent Pu(VIII) possible? Mapping the plutonium oxyfluoride series PuO_nF_{8-2n} ($n=0\sim 4$) [J]. Inorg Chem, 2015, 54: 8825-8831.

[230] HUANG W, XING D H, LU J B, et al. How much can density functional approximations (DFA) fail? The extreme case of the FeO_4 species[J]. J Chem Theory Comput, 2016, 12: 1525-1533.

[231] EVANS W J. Organometallic lanthanide chemistry[J]. Adv Organomet Chem, Stone, F. G. A. ; West, R. , Eds. Academic Press, 1985, 24: 131-177.

[232] EVANS W J. The organometallic chemistry of the lanthanide elements in low oxidation states[J]. Polyhedron, 1987, 6: 803-835.

[233] EVANS W J. Perspectives in reductive lanthanide chemistry[J]. Coord Chem Rev, 2000, 206-207: 263-283.

[234] BOCHKAREV M N, FEDUSHKIN I L, FAGIN A A, et al. Synthesis and structure of the first molecular thulium(II) complex: $[TmI_2(MeOCH_2CH_2OMe)_3]$ [J]. Angew Chem Int Ed, 1997, 36: 133-135.

[235] MACDONALD M R, BATES J E, FIESER M E, et al. Expanding rare-earth oxidation state chemistry to molecular complexes of holmium(II) and Erbium(II) [J]. J Am Chem Soc, 2012, 134: 8420-8423.

[236] HITCHCOCK P B, LAPPERT M F, MARON L, et al. Lanthanum does form stable molecular compounds in the +2 oxidation state[J]. Angew Chem Int Ed, 2008, 47: 1488-1491.

[237] MACDONALD M R, BATES J E, ZILLER J W, et al. Completing the series of +2 ions for the lanthanide elements: synthesis of molecular complexes of Pr^{2+}, Gd^{2+}, Tb^{2+}, and Lu^{2+} [J]. J Am Chem Soc, 2013, 135: 9857-9868.

[238] SCHULZ A, LIEBMAN J F. Paradoxes and paradigms: high oxidation states and neighboring rows in the periodic table—lanthanides, actinides, exotica and explosives[J]. Struct Chem, 2008, 19: 633-635.

[239] VENT-SCHMIDT T, RIEDEL S. Investigation of praseodymium fluorides: a combined matrix-isolation and quantum-chemical study[J]. Inorg Chem, 2015, 54: 11114-11120.

[240] LUCENA A F, LOURENÇO C, MICHELINI M C, et al. Synthesis and hydrolysis of gas-phase lanthanide and actinide oxide nitrate complexes: a correspondence to trivalent metal ion redox potentials and ionization energies[J]. Phys Chem Chem Phys, 2015, 17: 9942-9950.

[241] SU J, HU S, HUANG W, et al. On the oxidation states of metal elements in MO_3^- (M=V, Nb, Ta, Db, Pr, Gd, Pa) anions[J]. Sci. China Chem. , 2016, 59:

442-451.

[242] ZHANG Q, HU S X, QU H, et al. Pentavalent lanthanide compounds: formation and characterization of praseodymium(V) oxides[J]. Angew Chem Int Ed, 2016, 55: 6896-6900.

[243] HU S X, JIAN J, SU J, et al. Pentavalent lanthanide nitride-oxides: NPrO and NPrO$^-$ complexes with N≡Pr triple bonds[J]. Chem Sci, 2017, 8: 4035-4043.

[244] GRUSHKO Y S, PADERNO Y B, YA. Mishin K, et al. A study of the electronic structure of rare earth hexaborides[J]. Phys Status Solidi B, 1985, 128: 591-597.

[245] LI W L, CHEN T T, XING D H, et al. Observation of highly stable and symmetric lanthanide octa-boron inverse sandwich complexes[J]. Proc. Natl. Acad. Sci. USA., 2018, 115: E6972-E6977.

[246] KRESSE G, HAFNER J. Ab initio molecular dynamics for liquid metals[J]. Phys Rev B, 1993, 47: 558-561.

[247] KRESSE G, FURTHMÜLLER J. Efficiency of ab-initio total energy calculations for metals and semiconductors using a plane-wave basis set[J]. Comput Mater Sci, 1996, 6: 15-50.

[248] KRESSE G, JOUBERT D. From ultrasoft pseudopotentials to the projector augmented-wave method[J]. Phys Rev B, 1999, 59: 1758-1775.

[249] BLÖCHL P E. Projector augmented-wave method[J]. Phys Rev B, 1994, 50: 17953-17979.

[250] ANISIMOV V I, SOLOVYEV I V, KOROTIN M A, et al. Density-functional theory and NiO photoemission spectra[J]. Phys Rev B, 1993, 48: 16929-16934.

[251] HEYD J, SCUSERIA G E, ERNZERHOF M. Hybrid functionals based on a screened Coulomb potential[J]. J Chem Phys, 2003, 118: 8207-8215.

[252] GSCHNEIDNER K A, EYRING L, Handbook on the physics and chemistry of rare earths[J]. Elsevier: Amsterdam, 1995; Vol. 20.

[253] GHOSH D B, DE M, DE S K. Electronic structure and magneto-optical properties of magnetic semiconductors: Europium monochalcogenides[J]. Phys Rev B, 2004, 70: 115211.

[254] ANTONOV V N, HARMON B N, YARESKO A N. Electronic structure of mixed-valence semiconductors in the LSDA+U approximation. II. SmB_6 and YbB_{12}[J]. Phys Rev B, 2002, 66: 165209.

[255] DERINGER V L, TCHOUGRÉEFF A L, DRONSKOWSKI R. Crystal orbital Hamilton population (COHP) analysis as projected from plane-wave basis sets[J]. J Phys Chem A, 2011, 115: 5461-5466.

[256] TOSHIKATSU K, KATSUTOSHI K, SHINYA W. Analytical Hartree-Fock wave functions subject to cusp and asymptotic constraints: He to Xe, Li$^+$ to

Cs^+, H^- to I^-[J]. Int J Quantum Chem,1999,71: 491-497.
[257] KOGA T,KANAYAMA K, WATANABE T, et al. Analytical Hartree-Fock wave functions for the atoms Cs to Lr. Theor Chem Acc,2000,104: 411-413.
[258] MAINTZ S,DERINGER V L, TCHOUGRÉEFF A L, et al. Analytic projection from plane-wave and PAW wavefunctions and application to chemical-bonding analysis in solids[J]. J Comput Chem,2013,34: 2557-2567.
[259] MULLIKEN R S. Electronic population analysis on LCAO-MO molecular wave functions[J]. I. J Chem Phys,1955,23: 1833-1840.
[260] LÖWDIN P O. On the non-orthogonality problem connected with the use of atomic wave functions in the theory of molecules and crystals[J]. J Chem Phys, 1950,18: 365-375.
[261] BAKER J. Classical chemical concepts from ab initio SCF calculations [J]. Theor Chim Acta,1985,68: 221-229.
[262] CHEN C H,AIZAWA T,IYI N, et al. Structural refinement and thermal expansion of hexaborides[J]. J Alloys Compd,2004,366: L6-L8.
[263] BIASINI M,FRETWELL H M, DUGDALE S B, et al. Positron annihilation study of the electronic structure of LaB_6 and CeB_6 [J]. Phys Rev B,1997,56: 10192-10199.
[264] SOLOGUB O L,HESTER J R, SALAMAKHA P S,et al. Ab initio structure determination of new boride $CePt_3B$,a distorted variant of $CaTiO_3$[J]. J Alloys Compd,2002,337: 10-17.
[265] BOLGAR A S,MURATOV V B, BLINDER A V, et al. Thermodynamic properties of the rare earth borides and carbides a wide temperature range[J]. J Alloys Compd,1993,201: 127-128.
[266] BLOMBERG M K, MERISALO M J, KORSUKOVA M M, et al. Single-crystal X-ray diffraction study of NdB_6, EuB_6 and YbB_6 [J]. J Alloys Compd, 1995,217: 123-127.
[267] TARASCON J M, SOUBEYROUX J L, ETOURNEAU J, et al. Magnetic structures determined by neutron diffraction in the $EuB_{6-x}C_x$ system[J]. Solid State Commun,1981,37: 133-137.
[268] BABIZHETSKYY V, ROGER J, DÉPUTIER S, et al. Solid state phase equilibria in the Gd-Si-B system at 1270K[J]. J Solid State Chem,2004,177: 415-424.
[269] LUCA S E,AMARA M, GALÉRA R M,et al. Neutron diffraction studies on GdB_6 and TbB_6 powders[J]. Physica B,2004,350: E39-E42.
[270] MORDOVIN O, TIMOFEEVA E. Rare-earth element hexaborides[J]. Russ J Inorg Chem,1968,13: 3155-3158.
[271] PADERNO Y B,SAMOSONOV G V. Thulium borides[J]. J Struct Chem,

1961,2: 202-203.
[272] ROGL P,NOWOTNY H. Structural chemistry of ternary metal borides[J]. J Less-Common Met,1978,61: 39-45.
[273] EMELÉUS H J,SHARPE A G. Advances in inorganic chemistry and radiochemistry[M]. Academic Press,1968.
[274] KREISSL M,NOLTING W. Electronic properties of EuB_6 in the ferromagnetic regime: Half-metal versus semiconductor[J]. Phys Rev B,2005,72: 245117.
[275] LONGUET-HIGGINS H C,ROBERTS M D V. The electronic structure of the borides MB_6[J]. Proc R Soc London,A,1954,224: 336-347.
[276] NAKAMURA S,GOTO T,KASAYA M,et al. Electron-strain interaction in valence fluctuation compound SmB_6[J]. J Phys Soc Jpn,1991,60: 4311-4318.
[277] LANDRUM G A,DRONSKOWSKI R,NIEWA R,et al. Electronic structure and bonding in cerium (nitride) compounds: trivalent versus tetravalent cerium[J]. Chem-Eur J,1999,5: 515-522.

在学期间发表的学术论文与研究成果

[1] **Li Wanlu**, Chen Tengteng, Xing Denghui, Chen Xin, Li Jun, Wang Laisheng. Observation of highly stable and symmetric lanthanide octa-boron inverse sandwich complexes[J]. Proc. Natl. Acad. Sci. USA., 2018, 115: E6972-E6977. (SCI 收录, 检索号: GN9ZQ, 影响因子: 9.504)

[2] **Li Wanlu**, Chen Xin, Jian Tian, Chen Tengteng, Li Jun, Wang Laisheng. From planar boron clusters to borophenes and metalloborophenes[J]. Nat. Rev. Chem., 2017, 1: 71. (SCI 收录, 检索号: FM7HB, 影响因子: 34.035)

[3] **Li Wanlu**, Jian Tian, Chen Xin, Chen Tengteng, LOPEZ G V, Li Jun, Wang Laisheng. The planar CoB_{18}^- cluster as a motif for metallo-borophenes. Angew[J]. Chem. Int. Ed., 2016, 55: 7358-7363. (SCI 收录, 检索号: DV6WI, 影响因子: 12.102.)

[4] **Li Wanlu**, Liu Hongtao, Jian Tian, LOPEZ G V, PIAZZA Z A, Huang Daoling, Chen Tengteng, Su Jing, Yang Ping, Chen Xin, Wang Laisheng, Li Jun. Bond-bending isomerism of $Au_2I_3^-$: Competition between covalent bonding and aurophilicity[J]. Chem. Sci., 2016, 7: 475-481. (SCI 收录, 检索号: CZ0WL, 影响因子: 9.063)

[5] **Li Wanlu**, Jian Tian, Chen Xin, Li Hairu, Chen Tengteng, Luo Xuemei, Li Sidian, Li Jun, Wang Laisheng. Observation of a metal-centered B_2-Ta@B_{18}^- tubular molecular rotor and a perfect Ta@B_{20}^- boron drum with the record coordination number of twenty[J]. Chem. Commun., 2017, 53: 1587-1590. (SCI 收录, 检索号: EM6SC, 影响因子: 6.290)

[6] **Li Wanlu**, ERTURAL C, BOGDANOVSKI D, Li Jun, DRONSKOWSKI R. Chemical bonding of crystalline LnB_6 (Ln = La ~ Lu) and its relationship with Ln_2B_8 gas-phase complexes[J]. Inorg. Chem., 2018, 57: 12999-13008. (SCI 收录, 检索号: GX4EM, 影响因子: 4.700)

[7] **Li Wanlu**, Lu Junbo, Wang Zhenling, Hu Hanshi, Li Jun. Relativity-induced bonding pattern change in coinage metal dimers M_2 (M = Cu, Ag, Au, Rg) [J]. Inorg. Chem., 2018, 57: 5499-5506. (SCI 收录, 检索号: GF3GL, 影响因子: 4.700)

[8] **Li Wanlu**, Lu Junbo, Zhao Lili, PONEC R, COOPER D L, Li Jun, FRENKING G. Electronic structure and bonding situation in M_2O_2 (M = Be, Mg, Ca) Rhombic

Clusters[J]. J. Phys. Chem. A,2018,122：2816-2822.(SCI 收录,检索号：FZ9DP,影响因子：2.836)

[9] **李婉璐**,胡憾石,赵亚帆,陈欣,陈藤藤,简添,王来生,李隽.硼团簇及其材料化学研究进展(I)：硼墨烯[J].中国科学：化学,2018,48：98-107.(CSCD 收录,入藏号：6217093,影响因子：0.813)

[10] **Li Wanlu**, Li Yong, Xu Congqiao, Wang Xuebin, VORPAGEL E, Li Jun. Periodicity, electronic structures, and bonding of gold tetrahalides $[AuX_4]^-$ (X= F,Cl,Br,I,At,Uus) [J]. Inorg. Chem. ,2015,54：11157-11167.(SCI 收录,检索号：CY1FQ,影响因子：4.700)

[11] **Li Wanlu**, Xu Congqiao, Hu Shuxian, Li Jun. Theoretical studies on the bonding and electron structures of a $[Au_3Sb_6]^{3-}$ complex and its oligomers[J]. Dalton. Trans. ,45(2016),11657-11667.(SCI 收录,检索号：DS1GX,影响因子：4.099)

[12] Hu Shuxian, **Li Wanlu** (co-first), Lu Junbo, Bao Junwei, Yu Haoyu, TRUHLAR D G, GIBSON J K, MARCALO J, Zhou Mingfei, RIEDEL S, SCHWARZ W H E, Li Jun. On the upper limits of oxidation states in chemistry[J]. Angew. Chem. Int. Ed. ,2018,57：3242-3245.(SCI 收录,检索号：FY3ZJ,影响因子：12.102)

[13] Chen Tengteng, **Li Wanlu** (co-first), Jian Tian, Chen Xin, Li Jun, Wang Laisheng. PrB_7^-：A praseodymium-doped boron cluster with a Pr^{II} center coordinated by a doubly aromatic planar η^7-B_7^{3-} ligand[J]. Angew. Chem. Int. Ed. ,2017,56：6916-6920.(SCI 收录,检索号：EW5CX,影响因子：12.102)

[14] Zhang Xi, **Li Wanlu** (co-first), Feng Lai, Chen Xin, HANSEN A, GRIMME S, FORTIER S, SERGENTU D C, DUIGNAN T J, AUTSCHBACH J, Wang Shuao, Wang Yaofeng, VELKOS G, POPOV A A, AGHDASSI N, DUHM S, Li Xiaohong, Li Jun, ECHEGOYEN L, SCHWARZ W H E, Chen Ning. A diuranium carbide cluster stabilized inside a C_{80} fullerene cage[J]. Nature Commun. ,2018, 9：2753.(SCI 收录,检索号：GN0RX,影响因子：12.353)

[15] Chen Tengteng, **Li Wanlu** (co-first), Li Jun, Wang Laisheng. $[La(\eta^x$-$B_x)La]^-$ ($x=7-9$):a new class of inverse sandwich complexes[J]. Chem. Sci. ,2019,10: 2534-2542.(SCI 收录,检索号：HM2WG,影响因子：9.063)

[16] Jian Tian, **Li Wanlu** (co-first), Chen Xin, Chen Tengteng, LOPEZ G V, Li Jun, Wang Laisheng, Competition between drum and quasi-planar structures in RhB_{18}^-: motifs for metallo-boronanotubes and metallo-borophenes[J]. Chem. Sci. ,2016, 7：475-481.(SCI 收录,检索号：EH0KQ,影响因子：9.063)

[17] Jian Tian, **Li Wanlu** (co-first), POPOV I A, LOPEZ G V, Chen Xin, BOLDYREV A I, Li Jun, Wang Laisheng. Manganese-centered tubular boron cluster-MnB_{16}^-: A new class of transition-metal molecules[J]. J. Chem. Phys. ,2016,144：154310. (SCI 收录,检索号：DL6YM,影响因子：2.843)

[18] Tang Bohan, **Li Wanlu** (co-first), Jiao Yang, Lu Junbo, Xu Jiangfei, Wang

Zhiqiang, Li Jun, Zhang Xi. A supramolecular radical cation: folding-enhanced electrostatic effect forpromoting radical-mediated oxidation[J], Chem. Sci. ,2018, 9: 5015-5020. (SCI 收录,检索号: GI7PB,影响因子: 9.063)

[19] Zhang Qingnan, **Li Wanlu** (co-first), Zhao Lili, Chen Mohua, Zhou Mingfei, Li Jun, FRENKING G. A very short be-be distance but no bond: synthesis and bonding analysis of Ng-Be$_2$O$_2$-Ng' (Ng, Ng' = Ne, Ar, Kr, Xe) [J]. Chem-Eur. J. ,2017,23: 2035-2039. (SCI 收录,检索号: EN1FE,影响因子: 5.160)

[20] Jiao Yang, **Li Wanlu**, Xu Jiangfei, Wang Guangtong, Li Jun, Wang Zhiqiang, Zhang Xi. A supramolecularly activated radical cation for accelerated catalytic oxidation [J]. Angew. Chem. Int. Ed. ,2016,55: 8933-8937. (SCI 收录,检索号: DV9II,影响因子: 12.102)

[21] Zhang Qingnan, **Li Wanlu**, Xu Congqiao, Chen Mohua, Zhou Mingfei, Li Jun, ANDRADA D M, FRENKING G. Formation and characterization of the boron dicarbonyl complex [B(CO)$_2$]$^-$ [J]. Angew. Chem. Int. Ed. , 2015, 54: 11078-11083. (SCI 收录,检索号: CU2YJ,影响因子: 12.102)

[22] Hu Shuxian, **Li Wanlu**, Dong Liang, GIBSON J K, Li Jun. Crown ether complexes ofactinyls: a computational assessment of AnO$_2$(15-crown-5)$^{2+}$ (An = U, Np, Pu, Am, Cm) [J]. Dalton Trans. ,2017, 46: 12354-12363. (SCI 收录,检索号: FH5RC,影响因子: 4.099)

[23] Wang Yaofeng, Hu Hanshi, **Li Wanlu**, Wei Fan, Li Jun. Relativistic effects break periodicity in group 6 diatomic molecules[J]. J. Am. Chem. Soc. , 2016, 138: 1126-1129. (SCI 收录,检索号: DC9RF,影响因子: 14.357)

[24] Hu Shuxian, GIBSON J K, **Li Wanlu**, STIPDONK M J V, MARTENS J, BERDEN G, REDLICH B, OOMENS J, Li Jun. Electronic structure and characterization of a uranyldi-15-crown-5 complex with an unprecedented sandwich structure[J]. Chem. Commun. ,2016,52: 12761-12764. (SCI 收录,检索号: DZ9YV,影响因子: 6.290)

[25] Chen Xin, Chen Tengteng, **Li Wanlu**, Lu Junbo, Zhao Lijuan, Jian Tian, Hu Hanshi, Wang Laisheng, Li Jun. Lanthanides with unusually low oxidation states in the PrB$_3^-$ and PrB$_4^-$ boride clusters[J]. Inorg. Chem. ,2019,58: 411-418. (SCI 收录,检索号: HG8XA,影响因子: 4.700)

[26] Xu Congqiao, Xiong Xiaogen, **Li Wanlu**, Li Jun. Periodicity and covalency of [MX$_2$]$^-$ (M= Cu, Ag, Au, Rg; X = H, Cl, CN) complexes[J]. Eur. J. Inorg. Chem. ,2016,2016: 1395-1404. (SCI 收录,检索号: DH9OO,影响因子: 2.444)

[27] Jian Jiwen, Hu Shuxian, **Li Wanlu**, VAN STIPDONK M J, Martens J, Berden G, Oomens J, Li Jun, GIBSON J K. Uranyl/12-crown-4 ether complexes and derivatives: Structural characterization and isomeric differentiation[J]. Inorg. Chem. ,2018,57: 4125-4134. (SCI 收录,检索号: GB7VM,影响因子: 4.700)

[28] Chi Chaoxian, Wang Jiaqi, Qu Hui, **Li Wanlu**, Meng Luyan, Luo Mingbiao, Li Jun, Zhou Mingfei. Preparation and characterization of uranium-iron triple-bonded UFe(CO)$_3^-$ and OUFe(CO)$_3^-$ complexes[J]. Angew. Chem. Int. Ed., 2017, 56: 6932-6936. (SCI 收录, 检索号: EW5CX, 影响因子: 12.102)

[29] Luo Xuemei, Jian Tian, Cheng Longjiu, **Li Wanlu**, Chen Qiang, Li Rui, Zhai Huajin, Li Sidian, BOLDYREV A I, Li Jun, Wang Laisheng. B$_{26}^-$: The smallest planar boron cluster witha hexagonal vacancy and a complicated potential landscape[J]. Chem. Phys. Lett., 2017, 683: 336-341. (SCI 收录, 检索号: FA9YN, 影响因子: 1.860)

[30] Su Jing, **Li Wanlu**, LOPEZ G V, Jian Tian, Cao Guojin, **Li Wanlu**, SCHWARZ W H E, Wang Laisheng, Li Jun. Probing the electronic structure and chemical bonding of mono-uranium oxides with different oxidation states: UO$_x^-$ and UO$_x$ (x=3~5)[J]. J. Phys. Chem. A, 2016, 120: 1084-1096. (SCI 收录, 检索号: DF1MD, 影响因子: 2.836)

致　　谢

　　春风化雨乐未央,致知求理放眼量,尘年五载满戈戟,行健不息须自强。转眼间,博士生活将要接近尾声,回首这五年来的点滴,感恩之情油然而生。

　　衷心感谢我的导师李隽教授,能成为李老师的学生,是我毕生的荣幸。李老师博学广识,视野独到,他对待学问孜孜不倦的热情深深地感染着我。每一次和李老师的交流都获益颇丰,常常令我茅塞顿开。他亦师亦友,生活上给予了我很大的帮助和理解,他的一言一行潜移默化地影响着我。

　　感谢 W. H. Eugen Schwarz 教授对我科研方面的指导。他是一位基础理论十分扎实的化学家,他在我学习理论知识和论文撰写方面提供了巨大的帮助。虽然他年岁已高,但仍然坚持在科研一线,这种对科研的热情和执着令我获益终生。

　　在德国亚琛工业大学无机化学院进行六个月的短期访学研究期间,承蒙 Richard Dronskowski 教授的热心指导与帮助,不胜感激。在异国他乡的半年时光里,感谢课题组全体成员在生活和科研上对我的热情帮助,在此特别表示感谢。

　　感谢美国布朗大学王来生教授和陈藤藤博士,与你们的合作十分愉快。每一次深入的讨论都能找到问题的突破口和研究的关键点,你们高效、严谨的治学态度令我敬佩。

　　感谢 TCCL 实验室全体兄弟姐妹。这个大家庭的互帮互助、共同进取的氛围让我倍感温暖,和你们建立的深厚友谊将会使我终生难忘。在此特别感谢两位师兄:李雍和蒋宁。在我刚刚进组、对自己的科研生活十分迷茫之时他们为我指点迷津,把我真正带入了计算化学的正轨,可以说是我科研上的启蒙者。

　　感谢我的父母,在赋予我天赋和性情的同时,从小到大无微不至地关怀、呵护着我。在我遇到困境时,给予我关键性指引;在我需要帮助时,永远毫无条件地为我付出。今后的日子祝愿他们能够健康幸福!

　　感谢我的先生雷开天,全力支持我的科研事业。每一次遇到转折点需要抉择时,都能为我提供建设性意见,用他成熟独到的见解教我如何应对每一道难关。生活上他给我带来了幸福,也为我解除了很多后顾之忧。在我博士第三年,我们有了可爱的女儿,而我因为学业的繁重没办法全身心顾及家庭,是我的先生和父母为我建立了坚实的后盾,让我能够工作家庭两不误。我们今后仍将相扶相依,不离不弃。

本课题承蒙国家自然科学基金资助,特此致谢。